图文中华美学

粥谱 附素食说略

Zhou Pu Fu Su Shi Shuo Lüe

【清】曹庭栋 薛宝辰◎著
吴云粒◎译注

人民东方出版传媒
People's Oriental Publishing & Media
東方出版社
The Oriental Press

图书在版编目（CIP）数据

粥谱：附素食说略 /（清）曹庭栋，（清）薛宝辰 著；吴云粒 译注．— 北京：东方出版社，2023.12
ISBN 978-7-5207-3187-4

Ⅰ．①粥… Ⅱ．①曹… ②薛… ③吴… Ⅲ．①粥－食谱－中国－清代②素菜－菜谱－中国－清代 Ⅳ．① TS972.137 ② TS972.123

中国国家版本馆 CIP 数据核字 (2023) 第 202793 号

粥谱：附素食说略
（ZHOUPU：FU SUSHI SHUOLÜE）

作　　者：（清）曹庭栋（清）薛宝辰
译　　注：吴云粒
责任编辑：王夕月　柳明慧
出　　版：东方出版社
发　　行：人民东方出版传媒有限公司
地　　址：北京市东城区朝阳门内大街 166 号
邮　　编：100010
印　　刷：天津旭丰源印刷有限公司
版　　次：2023 年 12 月第 1 版
印　　次：2023 年 12 月第 1 次印刷
开　　本：650 毫米 ×920 毫米 1/16
印　　张：18
字　　数：200 千字
书　　号：ISBN 978-7-5207-3187-4
定　　价：88.00 元
发行电话：（010）85924663　85924644　85924641

总序

中国文化是一个大故事，是中国历史上的大故事，是人类文化史上的大故事。

谁要是从宏观上讲这个大故事，他会讲解中国文化的源远流长，讲解它的古老性和长度；他会讲解中国文化的不断再生性和高度创造性，讲解它的高度和深度；他更会讲解中国文化的多元性和包容性，讲解它的宽度和丰富性。

讲解中国文化大故事的方式，多种多样，有中国文化通史，也有分门别类的中国文化史。这一类的书很多，想必大家都看到过。

现在呈现给读者的这一大套书，叫作“图文中国文化系列丛书”。这套书的最大特点，是有文有图，图文并茂；既精心用优美的文字讲中国文化，又慧眼用精美图像、图画直观中国文化。两者相得益彰，相映生辉。静心阅览这套书，既是读书，又是欣赏绘画。欣赏来自海内外二百余家图书馆、博物馆和艺术馆的图像和图画。

“图文中国文化系列丛书”广泛涵盖了历史上中国文化的各个方面，共有十六个系列：图文古人生活、图文中华美学、图文古人游记、图文中华史学、图文古代名人、图文诸子百家、图文中国哲学、图文传统智慧、图文国学启蒙、图文古代兵书、图文中华医道、图文中华养生、图文古典小说、图文古典诗赋、图文笔记小品、图文评书传奇，全景式地展示中国文化之意境，中国文化之真境，中国文化之善境，中国文化之美境。

这是一套中国文化的大书，又是一套人人可以轻松阅读的经典。

期待爱好中国文化的读者，能从这套“图文中国文化系列丛书”中获得丰富的知识、深层的智慧和审美的愉悦。

王中江

2023年7月10日

前言

“民以食为天。”在今天各类肉馆林立，饕餮盛宴到处都是的年代，简餐好像并没有真正成为人们的喜好。无论是吃粥，还是吃素，都显得有些不合时宜，少了一点跃动和热闹。但是千百年来，人们一直在研究怎么吃才能吃得健康，怎么吃才能够称得上真正的会吃。在绵延不绝的饮食文化中，素食和粥食已经不单单是老年人养生的方法，还是所有人调剂生活、点缀生活、享受生活的方式。

本版《粥谱·素食说略》特节选清代曹庭栋的《老老恒言》之《粥谱》和清宣统年间薛宝辰所著的《素食说略》，并添加注释以展述铺陈，配有200多幅图画和图注，以更立体、更视觉化的方式展现中国特有的粥食文化和素食文化。曹庭栋，字楷人，号六圃，又号慈山居士，浙江嘉善魏塘镇人，生活于清代康熙、乾隆年间。他性情恬淡，一生勤奋好学，对于经史、辞章、考据都有深入的研究。他尤爱养生，并且身体力行，寿近九旬而终。曹庭栋很重视喝粥。他认为，“粥能益人，老年尤宜”，甚至认为“有竟日食粥，不计顿（餐次），饥则食，亦能体强健，享大寿”。《粥谱》就是他专门为老年人所作的养生指南。薛宝辰，原名秉辰，清宣统时翰林院侍读学士和咸安宫总裁。他晚年笃信佛教，崇尚素食，先后著有《宝学斋文诗钞》《仪郑堂笔记》《医学绝句》《医学论说》等。《素食说略》是他最后一本书。

《粥谱》主要介绍了清代之前100种粥的制作方法与技巧，包含上品36种、中品27种、下品37种。粥方讲究择米第一、择水第二、火候第三、食候第四。煮粥应选用性较软的晚稻，并且晾晒在通风的地方，用来煮粥的水应选用初春时节的雨水，煮粥的时候要煮烂，吃粥的次数应该每天都吃、不计次数，并且在晚上空腹的时候吃。关于米是用脱壳的还是不脱壳的、炒过的还是没炒过的，什么时候舂米，梅雨或者腊月的雪水能不能够用来煮粥，用什么木质的柴火煮粥等，书中都有详细的说明。《粥谱》还指出粥与其他食物最大的不同之处在于粥的中和作用。粥好像一个神奇的巨大容器，包容着万千食材，又像一个蓄水池，让食材、药材得以物尽其用。莲肉粥、燕窝粥、山药粥、大枣粥、海参粥、菠菜粥等等，无论达官贵人，还是平民百姓，都可以从这本粥谱中找到适宜自己的食用配方。

《素食说略》记载了清朝末年170余种素食的制作方法。包括根茎类食材菌类、莲藕、茼蒿等，果实类食材红薯、土豆、茄子等，腌制类菜品腌五香咸菜、腌白菜、辣椒酱、豆豉等。制作者可以通过每一次淘洗，每一次晾晒，每一次浸泡，每一次煨煮，每一次腌制，每一次发酵，每一次调味，直到味道和味道之间产生神奇的化学反应，最终变成美味至极的佳品。其中激荡的不只是人们对食材的珍爱，还有制作过程中的情感治愈。不杀生、不用荤腥，不吃烹、煎、炒、炙的菜食，改变着老饕们的爱好。食素不仅可以免除生灵的痛苦，还可以让人们尝到爽洁的味道，既使得牙齿芬芳，也能吃得饱饱的。“素食亦盛宴”是薛宝辰留给人们的启示。

目录

粥谱

素食说略

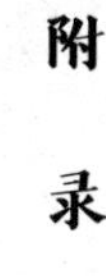

附录

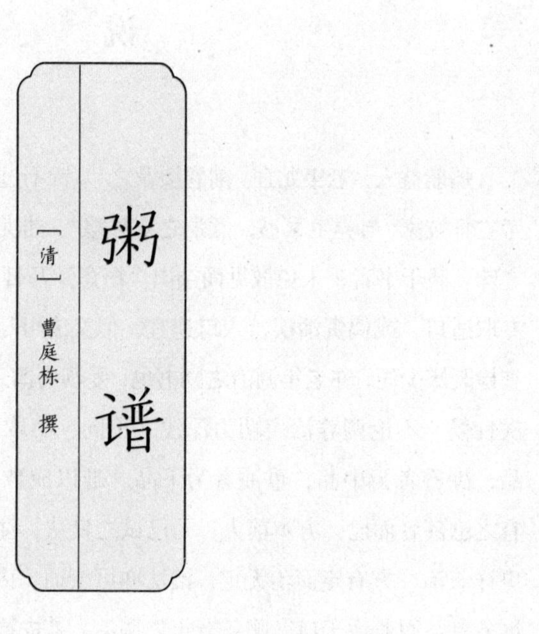

粥谱

［清］曹庭栋　撰

说

粥能益人，老年尤宜。前卷屡及之[①]。皆不过略举其概，未获明析其方。考之轩岐家[②]与养生家书，煮粥之方甚夥[③]。惟是方不一例，本有轻清重浊之殊。载于书者，未免散见而杂出。窃意粥乃日常用供，借诸方以为调养，专取适口，或偶资治疾，入口违宜，似又未可尽废。不经汇录而分别之，查检既嫌少便，亦老年调治之阙书也，爰撰为谱。先择米，次择水，次火候，次食候。不论调养治疾功力深浅之不同，第取气味轻清香美适口者为上品，少逊者为中品，重浊者为下品。准以成数，共录百种。削其入口违宜之已甚者而已。方本前人，乃已试之良法，注明出自何书，以为征信，更详兼治。方有定而治无定，治法亦可变通。内有窃据鄙意参入数方，则惟务有益而兼适于口，聊备老年之调治。若夫推而广之，凡食品、药品中堪加入粥者尚多，酌宜而用，胡不可自我作古耶，更有待夫后之明此理者。

【注释】

① 前卷屡及之：前几卷多次提及。《粥谱说》在《养生随笔》第五卷。

② 轩岐家：轩，指轩辕氏，即黄帝。岐，指岐伯，上古时期医学家。“轩岐家”泛指医家。后世因此称中医学为“岐黄之术”。

③ 夥：多。

【译文】

粥对人有很多好处，尤其对老年人特别好。我在前面几卷曾经反复提到关于粥的内容，但只是提了一些大致的概念，粥的具体做法没有列出。研读医书和养生书，可以找到很多煮粥的方法。只是，这些方法各有侧重，有着轻清重浊的区别。刊载在书上的煮粥方法，却也散落在不同的地方，出处也很杂乱。我觉得粥是供日常食用的食品，不管用哪种方法煮粥，都是为了调养身体。煮粥，或者是做得口感适宜，或者选用有助于治疗疾病的做法，这些都可以。即使是口感不好的做法也不能舍弃。如果不经过汇集并记录在案，就不方便查找，而且这类专门讲老年人调养的书也极为难得，不好找到。为此我编纂这本《粥谱》。先讲选米，再讲选水，然后讲火候和食候。不论养生治疗功效深浅的区别，仅按照口感排出次序：气味轻爽、香美适口的为上品，稍差一点的为中品，重浊的为下品。我去掉了一些口感不好的做法，凑成整数，共收录了一百种粥的做法。做法是前人留下的，经我亲自测试不错，就收在书里，并注明出处。除了记载粥的做法，我还记录了食品、药品，同时详细记录了粥可以配合治疗病症等内容。做粥的方法是固定的，而治疗疾病的方法则是可以增减变通的。在这部粥谱里，也有我的一些私家方法，我选择的标准就是既有益于身体，又口味上佳，暂且作为老年人的食疗参考。从养生的角度推而广之，事实上，食品、药品中能够添加在粥里的东西还有很多。针对具体情况，大家酌情操作即可。为什么不自己创新、别出心裁呢？也期待读过此书的人能举一反三。

择米第一

米用粳[1]，以香稻为最；晚稻性软，亦可取；早稻次之；陈寨米则欠腻滑矣。秋谷新凿者，香气足，脱壳久，渐有故气。须以谷悬通风处，随时凿用。或用炒白米，或用焦锅䈅，腻滑不足。香燥之气，能去湿开胃。《本草纲目》云：粳米、籼米、粟米、粱米粥，利小便，止烦渴，养脾胃；糯米、秫米、黍米粥，益气，治虚寒泄痢吐逆。至若所载各方，有米以为之主，峻厉者可缓其力，和平者能倍其功，此粥之所以妙而神与！

【注释】

① 粳：粳米。稻米是稻谷的成品，其制作工序包括去壳、碾米、成品整理等。稻米可以分为粳稻和籼稻。粳米是粳稻的种仁，又称粳粟米等。粳米功效为“主益气，止烦，止泄”。籼米，又称长米、仙米，是用籼型非糯性稻谷制成的米。

【译文】

煮粥的米用的是粳米，香稻是最好的；晚稻性较软，也可以用来煮粥；早稻就差了一点；陈仓米则不够润泽细滑。当年当季新舂的米，香气十足，如果脱壳的时间久了，就会逐渐滋生出陈腐的气味。稻谷应该悬挂在通风的地方，食用时再舂。最好不要用炒过的米，或者是焦锅巴，因为不够细腻润滑。粳米香燥的气味，能够去湿开胃。《本草纲目》上说：粳米、籼米、粟米、粱米粥，可以利小便、止烦渴、养脾胃；糯米、秫米、黍米粥，可以益气，治疗虚寒、泄痢、呕吐和气逆。对《本草纲目》上记载的药方，用米来影响药效，粥里放入峻厉的药物，其药力可以变得缓和，而粥里放入的药力平和的药物，药性得到加倍的发挥，这就是粥的神奇之处。

《炎帝神农氏像》

（清）徐扬

神农氏，上古时期的部落首领。根据《论衡》记载："神农之揉木为耒，教民耕耨。民始食谷，谷始播种。耕田以为土，凿地以为井。"

◀ 水稻

选自《本草图谱》 [日]岩崎灌园
收藏于日本东京国立国会图书馆

▶《嘉禾图》

(元)佚名 收藏于中国台北“故宫博物院”

在古代稻生双穗为祥瑞之兆，也称之

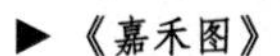

为嘉禾。稻米是中国南方地区的重要主食。

择水第二

水类不一，取煮失宜，能使粥味俱变。初春值雨，此水乃春阳生发之气，最为有益。梅雨湿热熏蒸，人感其气则病，物感其气则黴[1]，不可用之明验也。夏秋淫雨为潦[2]，水郁深而发骤。昌黎[3]诗："洪潦无根源，朝灌夕已除。"或谓利热不助湿气，窃恐未然。腊雪水甘寒解毒，疗时疫。春雪水生虫易败，不堪用。此外长流水四时俱宜。山泉随地异性。池沼止水有毒。井水清冽，平旦第一汲为井华水，天一真气[4]，浮于水面也，以之煮粥，不假他物，其色天然微绿，味添香美。亦颇异凡。缸贮水，以朱砂块[5]沉缸底，能解百毒，并令人寿。

【注释】

① 黴：发霉。

② 潦：雨后的路面积水。

③ 昌黎：唐代文学家韩愈的郡望为昌黎，所以被称作"韩昌黎"。

④ 天一真气：指阴气。

⑤ 朱砂块：朱砂，亦名辰砂、丹砂，是炼汞的主要矿物。颜色是红色或者棕红，没有毒性，有镇静的作用。

【译文】

水有不同的种类。如果煮粥的时候水选择不当，那么粥的味道就会完全不同。初春时节，会下一场春雨，这些雨水正是生发的阳气，是对人最好的。梅雨又湿又热，熏人蒸人，人如果多吸收它们的气息，就会生病，同样，物吸收了它们的气息就会发霉，所以这些水是不能拿来煮粥的，这已经成了不争的事实。夏秋季节，雨水连绵不断，会形成积水，水积得深，但是蒸发也快。韩愈的诗里说："洪潦无根源，朝灌夕已除。"有人说这种水利热而不会助湿气，我觉得并不尽然。腊月的雪水味甘性寒，可以解毒，并且治疗流行病。春天时候的雪水容易变质、生虫，是不能用的。除了这些水以外，长流水一年四季都很适宜。如果要用山泉水，也要根据地点不同而选择，因为地点不同，水质有别。池沼中静止的水有毒。井水清洌，清晨的第一桶水是饱含精华的水，水的阴气浮在水面，取了用来煮粥，不用添加任何其他东西，颜色是很自然的微绿的颜色，味道会更加香美。如果要选用缸里储存的水，我们可以在缸底放一朱砂块，能解百毒，而且能令人增寿。

《品泉图》

（清）金延标　收藏于中国台北"故宫博物院"

火候第三

煮粥以成糜为度。火候未到，气味不足；火候太过，气味遂减。火以桑柴为妙。《抱朴子》[1]曰：一切药不得桑煎不服。桑乃箕星之精，能除风助药力。栎炭[2]火性紧，粥须煮不停沸，则紧火亦得。煮时先煮水，以杓扬之数十次，候沸数十次，然后下米。使水性动荡，则输运捷。煮必瓷罐，勿用铜锡。有以瓷瓶入灶内，砻糠稻草煨之，火候必致失度，无取。

【注释】

① 《抱朴子》：晋代葛洪编著的一部道教典籍。

② 栎炭：栎木烧成的木炭。

【译文】

煮粥最重要的就是要煮烂。火候没到的话，滋味不足；火候太大，滋味就减弱了。烧火的燃料以桑木为最好。《抱朴子》里说："一切药，如不用桑木煎熬，那么药性不能激发。（不用桑木煎药不能降服药性。）"柴火的精粹就是桑木，能破除风力、增强药力。栎炭火性紧，而煮粥就需要不停地沸腾，所以用紧火容易煮好。煮粥的时候要先烧水，但是锅里的水也不是就一直在锅里不动，用勺子舀起来数十次，然后再沸腾，最后下米。其中的原理就是，水性要动荡，那么在锅里的米粒翻搅输送就会便捷。煮粥一定要选用瓷罐，不要用铜、锡一类的器皿。有的人把粥装在瓷瓶里，放在灶内，用砻糠或稻草煨，这样做一定会失去对火候的掌控，这种方法是不适合的，所以不推荐。

铁匠冶锅

选自《清代民间生活图集》

食候第四

老年有意日食粥，不计顿，饥即食，亦能体强健，享大寿。此又在常格外。就调养而论，粥宜空心食，或作晚餐亦可，但勿再食他物，加于食粥后。食勿过饱，虽无虑停滞，少觉胀，胃即受伤。食宁过热，即致微汗，亦足通利血脉。食时勿以它物侑食[①]，恐不能专收其益，不获已。但使咸味沾唇，少解其淡可也。

【注释】

① 侑食：佐食。

【译文】

老年人饿了就要吃粥，每天都吃，不计次数，这样做就会强身健体，享高寿。但是这并不是常规做法。因为从调养身体的角度来说，粥应该是空腹的时候吃，或者在晚上当作晚餐，但是吃完粥就不要再吃别的食物了。吃粥不宜太饱，太饱的话虽然不会积食，但是只要感觉到肚子微微发胀，其实已经伤胃了。吃粥要趁热的时候吃，可以稍微出汗，以达到通利血脉的效果。吃粥就是吃粥，不能和其他食物搭配着吃，否则粥的营养就不能完全吸收，反而吃了也会浪费。只需用带咸味的东西沾沾唇，稍稍去除粥味的清淡就可以了。

上品三十六

莲肉粥

《圣惠方》[1]：补中强志。按：兼养神益脾，固精，除百疾。去皮心。用鲜者煮粥更佳。干者如经火焙，肉即僵，煮不能烂。或磨粉加入。湘莲胜建莲，皮薄而肉实。

【注释】

① 《圣惠方》：即《太平圣惠方》。方书，100卷。北宋王怀隐、王祐等奉敕编写。

【译文】

《圣惠方》上说：莲肉补充中气，强健心志。另外，可以养神，益脾，固精，去除百病。莲子要去掉外皮和里面的心。选用新鲜的莲子煮粥，味道会更佳。干莲肉如果经过火的烤焙，莲肉就会变得僵硬，不好煮烂，也可以磨成粉加到粥里。湖南出产的莲子比福建出产的好，皮薄而且莲肉厚实。

莲花

选自《百花画谱》　［日］毛利梅园　收藏于日本东京国立国会图书馆

莲花

选自《百花画谱》　［日］毛利梅园　收藏于日本东京国立国会图书馆

在先秦时期，中国就已广泛栽培荷花，《诗经》中有很多关于“荷”的诗句，如：“山有扶苏，隰有荷华。不见子都，乃见狂且。”（《郑风·山有扶苏》）“彼泽之陂，有蒲与荷。有美一人，伤如之何？”（《陈风·泽陂》）

荷花

（五代）黄筌　收藏于美国纽约大都会艺术博物馆

藕　粥

慈山参入[1]。治热渴，止泄，开胃消食，散留血[2]，久服令人心欢。磨粉调食，味极淡；切片煮粥，甘而且香。凡物制法异，能移其气味，类如此。

【注释】

① 慈山参入：这款粥品是曹慈山加入的，下同。

② 散留血：驱散淤血。

【译文】

（藕粥是）曹慈山加入的方子。可以治热渴，止泄，开胃消食，驱散淤血，经常食用可以使人心情愉悦。如果将藕磨成粉，再放入粥里，味道就会十分寡淡。将藕切成片煮粥，味道香甜可口。食材制作加工的方法不同，能改变它的味道，比如藕，做法不同的话味道就不同，道理是一样的。

荷鼻粥

慈山参入。荷鼻即叶蒂，生发元气，助脾胃，止渴止痢，固精。连茎叶用亦可。色青形仰，其中空，得震卦之象[1]。《珍珠囊》[2]：煎汤烧饭和药，治脾。以之煮粥，香清佳绝。

【注释】

① 震卦之象：“震”为八卦之一，卦形为仰盂。

② 《珍珠囊》：药书名。金朝张元素撰。

【译文】

（荷鼻粥是）曹慈山加入的方子。所谓荷鼻，就是荷叶的叶蒂，这个部位可以生发元气，助脾胃，止渴止痢，固精。荷鼻与茎叶也可以一起拿来煮粥。荷叶呈绿色，外形伸展，呈仰盂状，很像八卦里“震”卦的样子。《珍珠囊》中说：荷鼻可以用来煎药、烧饭、入药，还可以用来治疗脾疾。用荷鼻来煮粥，清香味美。

周敦颐像

选自《历代帝王圣贤名臣大儒遗像》册　（清）佚名　收藏于法国国家图书馆

周敦颐曾作《爱莲说》，寥寥几句就展现了莲花的风姿和气节，体现了作者对理想人格的肯定和追求，也体现了作者不屑于富贵名利，追求自我的美好情操。

芡实粥

《汤液本草》[1]：益精强志，聪耳明目。按：兼治涩痹、腰脊膝痛、小便不禁、遗精白浊。有粳、糯二种[2]，性同。入粥俱须烂煮。鲜者佳。扬雄《方言》[3]曰：南楚谓之鸡头。

【注释】

① 《汤液本草》：药物学著作，元代王好古撰。

② 有粳、糯二种：指芡实分粳、糯两种，粳者稍硬，糯者较软。

③ 扬雄《方言》：全称为《辅轩使者绝代语释别国方言》，是中国第一部比较方言词汇的重要著作。作者为西汉时人。

【译文】

《汤液本草》上说：芡实可以增强精气神，让人耳聪目明。作者补注：芡实可以治疗涩痹、腰背和膝盖疼痛、小便不禁、遗精白浊。芡实有粳芡实和糯芡实两种，它们的属性大体上是一样的。芡实和米都应该煮烂。煮粥选取新鲜的芡实会更好。扬雄在《方言》中说：芡实在江苏、安徽、湖南、湖北一带被叫作“鸡头米”。

芡实

选自《本草图谱》　[日]岩崎灌园　收藏于日本东京国立国会图书馆

《遵生八笺·饮馔服食笺》上卷载："用芡实去壳三合，新者研成膏，陈者作粉，和粳米三合，煮粥食之。益精气，强智力，聪耳目。"

薏苡粥

《广济方》[①]：治久风湿眛。又《三福丹书》[②]：补脾益胃。按：兼治筋急拘挛，理脚气，消水肿。张师正《倦游录》云：辛稼轩患疝，用薏苡东壁土炒服，即愈。乃上品养心药。

【注释】

① 《广济方》：《广济方》是唐玄宗组织编撰的古医方书。

② 《三福丹书》：作者系明末清初的龚居中，字应圆，号寿世主人等，著有《红炉点雪》《福寿丹书》等十余种，是由儒转医，援道入医的一代名医。

【译文】

《广济方》中说：薏苡可以治疗长期的风湿，眼睛不好。《三福丹书》中又说：薏苡可以补益脾胃。作者补注：薏苡还可以治疗筋急拘挛，缓解脚气，消水肿。张师正《倦游录》中说：辛弃疾疝病发作的时候，就拿薏苡仁以东壁土炒制后服用，马上就好了。薏苡是上好的养心药。

▶ **薏苡仁**

选自《本草图谱》　［日］岩崎灌园　收藏于日本东京国立国会图书馆

关于薏米的文字记载显示黄帝时期人们已经认识到薏米的珍贵价值。《山海经·海内西经》："帝之下都，昆仑之墟……有木禾。"这里的"木禾"指的就是薏苡仁。

扁豆粥

《延年秘旨》：和中，补五脏。按：兼消暑，除湿，解毒。久服发不白。荚有青紫二色，皮有黑白赤斑四色。白者温，黑色冷，赤斑者平。入粥去皮，用干者佳，鲜者味少淡。

【译文】

《延年秘旨》上说：扁豆能调和脾胃，滋补五脏。另外，扁豆还可以消除暑气、去除湿气、解毒。长期吃扁豆，头发不容易变白。豆荚通常有青、紫两种颜色，扁豆表皮通常有黑、白、红、斑四种颜色。白色的性温，黑色的性冷，红色和带花斑的性平。煮粥前要去掉豆子的皮。做粥最好用干扁豆，新鲜的扁豆味道稍稍有点淡。

扁豆

选自《百花画谱》 ［日］毛利梅园 收藏于日本东京国立国会图书馆

御米粥

《开宝本草》[1]：治丹石发动、不下饮食。和竹沥入粥。按：即罂粟子，《花谱》[2]名丽春花。兼行风气，逐邪热，治反胃、痰滞、泻痢，润燥固精。水研滤浆入粥，极香滑。

【注释】

① 《开宝本草》：《开宝本草》是北宋刘翰、马志等编写的药物学著作，成书于开宝六年（973年）。

② 《花谱》：游默斋撰写的记载花卉品种和栽培历史的书。

【译文】

《开宝本草》上说：御米可以治疗风热毒肿、脏气郁结、丹石发动和饮食不下。御米和竹沥可以一同放在粥里煮着吃。作者补注：御米即罂粟，游默斋写的《花谱》中叫作丽春花。它可以行风气，驱逐邪热，治疗反胃、痰滞、泻痢，润燥固精。御米加水，细细地研磨过滤后，取出浆水放入粥里喝，味道实在是清香滑润。

姜粥

《本草纲目》：温中，辟恶风。又《手集方》[①]：捣汁煮粥，治反胃。按：兼散风寒，通神明，取效甚多。《朱子语录》有秋姜夭人天年之语，治疾勿泥。《春秋运斗枢》曰：璇星散而为姜[②]。

【注释】

① 《手集方》：宋代李深之著。

② 璇星散而为姜：璇星，星名，北斗第二星。北斗七星分别是天枢、天璇、天玑、天权、玉衡、开阳、摇光七星，作者在此可能是为突出姜的神奇，将“璇星散而为橘”讹为“璇星散而为姜。”

【译文】

《本草纲目》记载：姜能够温暖脾胃，吃了可以防治严重的风寒侵袭。《手集方》上也曾经说过：把姜块捣碎，放在粥里煮着吃，可以治疗反胃。作者补注：姜粥可以驱风散寒，使人神明通达，好处多多。《朱子语录》中有“秋天吃姜对人的身体并不好，会影响人的寿命”的说法。但是如果为了治病的话，就不要管这些俗语了。《春秋运斗枢》记载：璇星散落下来化为人间的姜。

姜

选自《本草图谱》 ［日］岩崎灌园
收藏于日本东京国立国会图书馆

《饮膳正要·卷二·食疗诸病》载："治心腹冷痛，积聚，停饮。高良姜（半两，为末）粳米（三合）上件，水三大碗煎高良姜至二碗，去滓，下米煮粥，食之效验。"苏轼在《东坡杂记》中也提到了姜有延年益寿的功效："予昔监郡钱塘，游净慈寺，众中有僧号聪明王，年八十有余，颜如渥丹，目光迥然。闻其所能，盖诊脉知吉凶如智缘者。自言服姜四十年，故不老。云姜能健脾温肾、活血益气。"

香稻叶粥

慈山参入。按：各方书俱烧灰淋汁用。惟《摘元妙方》：糯稻叶煎，露一宿，治白浊。《纲目》谓气味辛热，恐未然。以之煮粥，味薄而香清。薄能利水，香能开胃。

【译文】

（香稻叶粥是）曹慈山加入的方子。作者补注：各种医书的记载，都是把稻叶烧成灰后淋汁服用。唯独《摘元妙方》里说：把糯稻叶煮了，放一个晚上，可以治疗白浊。《本草纲目》认为香稻叶气味辛热，但也是失之偏颇的。用香稻叶煮粥，味道淡薄清香，味道淡薄能通利水道，助排小便和渗泄水湿，而味道清香可以增进食欲。

丝瓜叶粥

慈山参入。丝瓜性清寒，除热利肠，凉血解毒，叶性相类。瓜长而细，名“马鞭瓜”，其叶不堪用。瓜短而肥，名“丁香瓜”，其叶煮粥香美。拭去毛，或姜汁洗。

【译文】

（丝瓜叶粥是）曹慈山加入的方子。丝瓜性味清寒，可以清除虚热，利于肠道健康，凉血解毒。丝瓜叶的功用也是如此。长而细的丝瓜，也叫“马鞭瓜”，它的叶子没什么用处。短而肥的丝瓜，叫“丁香瓜”，它的叶子煮粥则鲜香好吃，但要先将叶子上的毛去净，再用姜汁洗净。

▶ **丝瓜**

选自《本草图谱》　［日］岩崎灌园　收藏于日本东京国立国会图书馆

丝瓜在古代有很多名字，诸如天丝瓜、天罗、布瓜、蛮瓜、吊瓜、鱼鰦等。《本草纲目》载：“此瓜老则筋丝罗织，故有丝罗之名。昔人谓之鱼鰦，或云虞刺。始自南方来，故曰蛮瓜。”丝瓜的“丝”与“思”谐音，因此也寓意着思念和关怀。

桑芽粥

《山家清供》[①]：止渴明目。按：兼利五脏，通关节，治劳热，止汗。《字说》[②]云：桑为东方神木。煮粥用初生细芽、苞含未吐者。气香而味甘。《吴地志》[③]：焙干代茶，生津清肝火。

【注释】

① 《山家清供》：南宋林洪撰。

② 《字说》：北宋王安石撰。

③ 《吴地志》：即《吴地记》，旧本题“唐陆广微撰”，《四库全书总目提要》疑为宋人著作。

【译文】

《山家清供》记载：桑芽可以止渴，并且对眼睛有好处。同时，桑芽还可以便利五脏，通达关节，治疗劳热，止汗。《字说》里讲：桑树是东方神木。煮粥的话，用桑木初生的细芽以及含而未吐的叶苞来煮，气味香甜，味道清爽。《吴地志》曾经记载道：桑芽如果用火烘干，可以代替茶叶发挥功效，生津、清肝火。

胡桃[①]粥

《海上方》[②]：治阳虚腰痛、石淋五痔[③]。按：兼润肌肤，黑须发，利小便，止寒嗽，温肺润肠。去皮研膏，水搅滤汁，米熟后加入，多煮生油气。或加杜仲、茴香，治腰痛。

【注释】

① 胡桃：俗称核桃。

② 《海上方》：方书。唐崔元亮撰。

③ 五痔：指牡痔、牝痔、脉痔、肠痔、血痣。

【译文】

《海上方》载：胡桃可以治疗阳虚、石淋五痔（指牝痔、脉痔、牡痔、血痔、肠痔）。作者补注：同时胡桃可以润泽肌肤，使须发变黑，利小便，止风寒咳嗽，滋润肺肠。将胡桃仁去皮研磨成糊，再加入清水搅拌，滤出汁液，等到米粒熟了之后再加入，煮的时间过长会生油气。也可以在食用的时候加入杜仲、茴香，能够治疗腰痛。

胡桃

选自《本草图谱》　［日］岩崎灌园

收藏于日本东京国立国会图书馆

杏仁粥

《食医心镜》[①]：治五痔下血[②]。按：兼治风热咳嗽[③]，润燥。出关西者名巴旦，味尤甘美。去皮尖，水研滤汁煮粥，微加冰糖。《野人闲话》云：每日晨起，以七枚细嚼，益老人。

【注释】

① 《食医心镜》：即唐昝殷所著的《食医心鉴》。

② 下血：便血。

③ 风热：病证名，风和热相结合的病邪。临床表现为发热重、恶寒较轻、咳嗽等。

【译文】

《食医心镜》上说：杏仁能够治疗五痔和便血。作者补注：杏仁可以治疗风热咳嗽，还可以润燥。出产在函谷关或潼关以西地区的一种杏仁，名叫“巴旦木”，味道格外甘美。将这种杏仁去掉皮、尖，加水细细地研磨，滤出汁液，用来煮粥，再加少许的冰糖，味道绝佳。《野人闲话》上记载：每日早晨起床之后，把杏仁细细地嚼碎，一次不要嚼太多，只嚼七颗，这样吃对老人的健康很有益处。

杏子

选自《本草图谱》 [日]岩崎灌园 收藏于日本东京国立国会图书馆

贾思勰在《齐民要术》卷九中载煮杏酪粥法："用宿穬麦，其春种者则不中。预前一月，事麦折令精，细簸拣。作五六等，必使别均调，勿令粗细相杂，其大如胡豆者，粗细正得所。曝令极干。如上治釜讫，先煮一釜粗粥，然后净洗用之。打取杏仁，以汤脱去黄皮，熟研，以水和之，绢滤取汁。汁唯淳浓便美，水多则味薄。用干牛粪燃火，先煮杏仁汁，数沸，上作豚脑皱，然后下穬麦米。唯须缓火，以上徐徐搅之，勿令住。煮令极熟，刚淖得所，然后出之。预前多买新瓦盆子容受二斗者，抒粥着盆子中，仰头勿盖。粥色白如凝脂，米粒有类青玉。停至四月八日亦不动。渝釜令粥黑，火急则焦苦，旧盆则不渗水，覆盖则解离。其大盆盛者，数卷亦生水也。"

胡麻粥

《锦囊秘录》[①]：养肺，耐饥、耐渴。按：胡麻即是芝麻。《广雅》[②]名藤宏。坚筋骨，明耳目，止心惊，治百病。乌色者名巨胜。仙经所重。栗色者香却过之。炒研，加水滤汁，入粥。

【注释】

① 《锦囊秘录》：中医丛书，清代冯兆张（楚瞻）撰，49卷。

② 《广雅》：《广雅》是中国古代的一部百科词典，共收词汇18150个，是仿照《尔雅》体裁编纂的一部训诂学汇编，相当于《尔雅》的续篇，篇目也分为19类。

【译文】

《锦囊秘录》上说：胡麻粥可以养肺，服用胡麻可以耐饥渴。作者补注：胡麻就是芝麻。《广雅》中胡麻名叫藤宏。它的功效是强健筋骨，使人耳聪目明，止心惊，还可以治疗多种疾病。黑色的芝麻又叫巨胜。道家典籍特别重视这种药材。栗色的胡麻香味更重。把胡麻炒熟了以后加以研磨，加水后滤出汁液，放入粥里。

芝麻

选自《柯蒂斯的植物学杂志》

《遵生八笺·饮馔服食笺》上卷记载："用胡麻去皮，蒸熟，更炒令香。用米三合，淘净，入胡麻二合研汁同煮，粥熟加酥食之。"

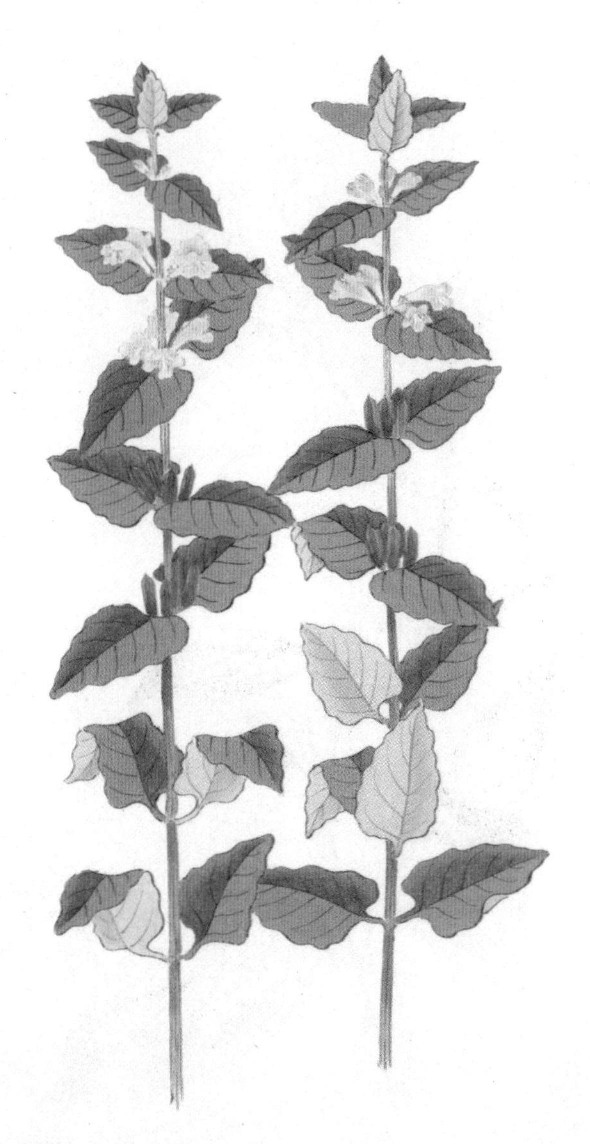

胡麻

选自《庶物类纂图翼》日本江户时期绘本　［日］户田祐之
收藏于日本内阁文库

芝麻是汉代从西域传入的，在当时被称为胡麻。把胡麻撒于烧饼上又叫胡饼，刘熙在《诗名》中说："饼，并也，溲麦使合并也。胡饼，作之大漫汗，亦言以胡麻着上也。"

松仁粥

《纲目》方：润心肺，调大肠。按：兼治骨节风，散水气、寒气，肥五脏，温肠胃。取洁白者研膏，入粥。色微黄，即有油气，不堪用，《列仙传》①云：偓佺好食松实，体毛数寸。

【注释】

① 《列仙传》：中国第一部系统叙述神仙的传记。西汉刘向撰。

【译文】

《本草纲目》上记载：松仁是润心肺、调大肠的。作者补注：松仁可以治疗骨节风，可以把身上的湿气、寒气逼退，使得五脏润和，温宜肠胃。选取一些白松仁，细细地磨成糊状，放入粥中。颜色一旦变黄的松仁就有油气了，是不能用的。《列仙传》上记载：传说仙人偓佺的体毛长达数寸，他就喜欢吃松仁。

《松树》轴
（清）陈洪绶

菊苗[1]粥

《天宝单方》：清头目。按：兼除胸中烦热，去风眩，安肠胃。《花谱》曰：茎紫，其叶味甘者可食。苦者名苦薏，不可用。苗乃发生之气聚于上，故尤以清头目有效。

【注释】

① 菊苗：为紫茎菊嫩苗。

【译文】

《天宝单方》上说：菊苗可以清头目。作者补注：菊苗还可以去除胸中烦热，止风眩，还可以安稳肠胃。《花谱》上说：菊苗的茎是紫色的，叶子的部分如果是甜的，就是可以食用的。如果是苦的，就不可以食用。而苦的那部分也有名称，叫作苦薏。菊苗凝聚着生长发育的气息，所以清头目是菊苗的主要功效。

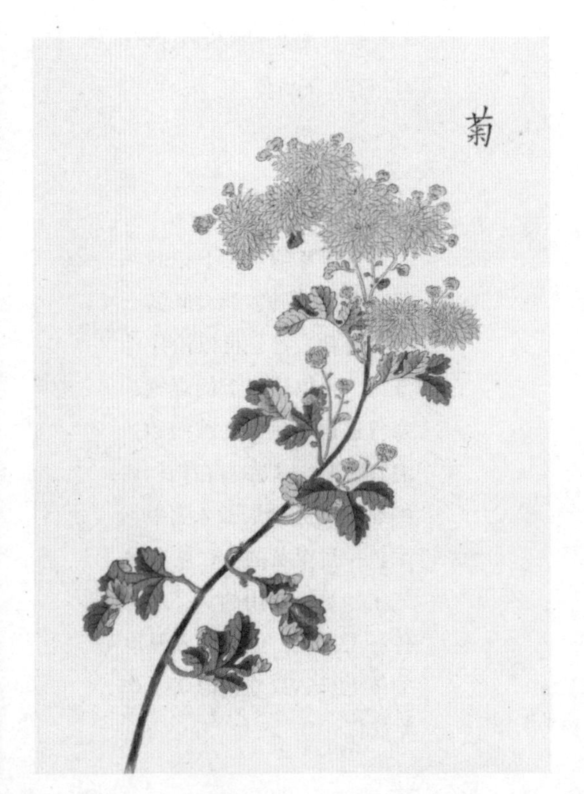

白菊

选自《庶物类纂图翼》　日本江户时期绘本　［日］户田祐之　收藏于日本内阁文库

《遵生八笺·饮馔服食笺》上卷载："用甘菊新长嫩头丛生叶，摘来洗净，细切，入盐，同米煮粥食之，清目宁心。"

菊花粥

慈山参入。养肝血，悦颜色，清风眩，除热，解渴，明目。其种以百计。《花谱》曰：野生，单瓣色白开小花者良，黄者次之。点茶亦佳。煮粥去蒂，晒干，磨粉和入。

【译文】

（菊花粥是）曹慈山加入的方子。菊花具有养肝血的作用，可以使人容光焕发，清除头风病，除热，解渴，明目。菊花有数百种。《花谱》上记载：野生的菊花，单瓣、开白色小花的菊花是最好的，开黄花的菊花稍差一点。菊花除了入粥，做茶喝也别具一番风味。做菊花粥的时候，可以先去除花蒂，晒干之后，磨成粉，拌和在粥中食用。

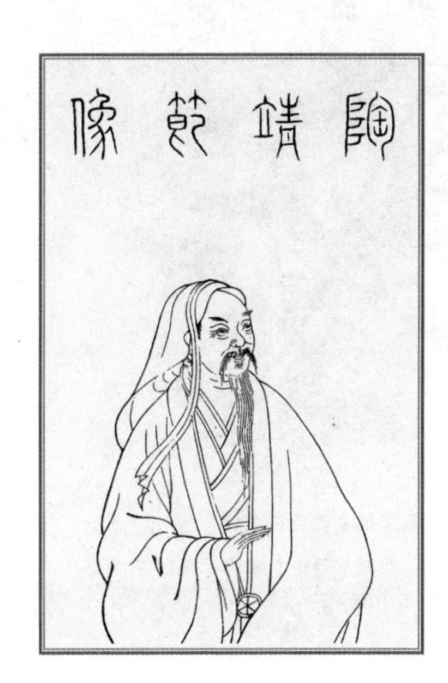

陶渊明像

选自《古圣贤像传略》清刊本　（清）顾沅\辑录，（清）孔莲卿\绘

周敦颐在《爱莲说》中说：“水陆草木之花，可爱者甚蕃。晋陶渊明独爱菊。”陶渊明对菊花的推崇，并不像后人所说的，完全是出于爱菊的性格。他爱菊花的原因可能是爱喝菊花酒。

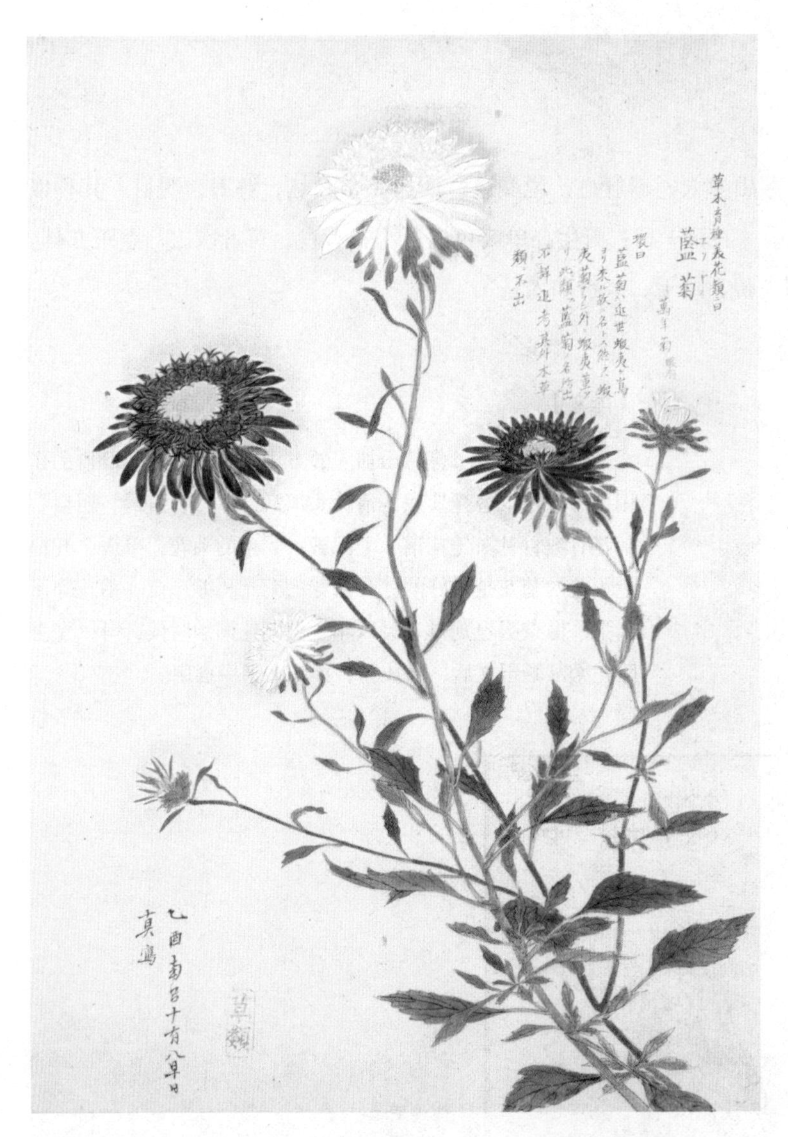

兰菊

选自《百花画谱》　［日］毛利梅园　收藏于日本东京国立国会图书馆

《竹屿山房·杂部》中有关于菊花酒的记载：“以九月菊花盛开时，拣黄菊嗅之香、尝之甘者，摘下晒干，每清酒一斗用菊花头二两，生绢袋盛之，悬于酒面上约离一指高，密封瓶口，经宿去花袋，其味有菊花香。”

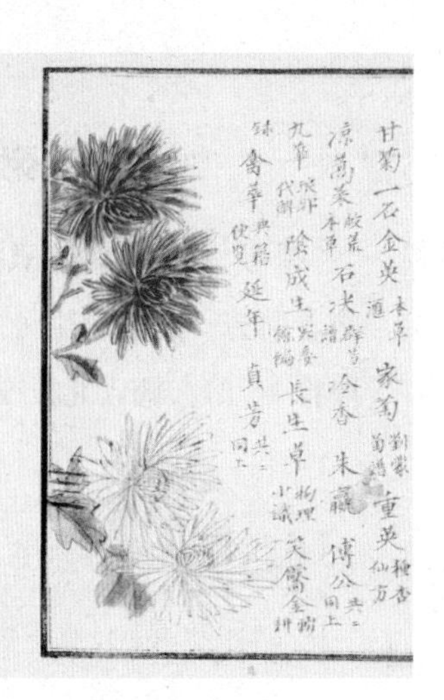

甘菊

选自《本草图谱》　[日]岩崎灌园　收藏于日本东京国立国会图书馆

《养余月令》记载："甘菊花，晒干三升，入糯米一斗，蒸熟一同搜拌，如常造酒法，多用细面曲，候酒熟，饮一小杯，治头风、旋晕等疾。"

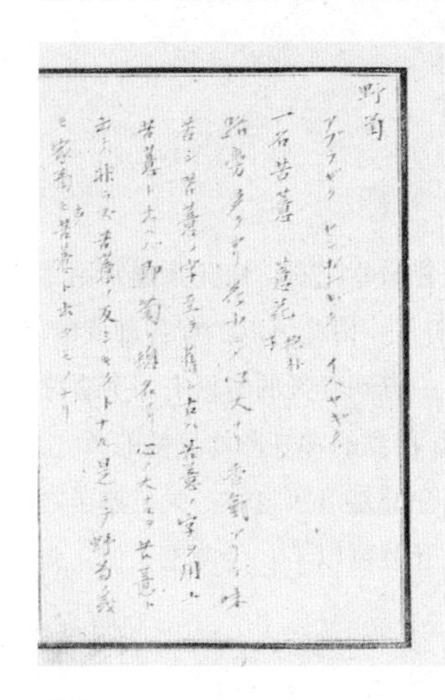

甘菊

选自《本草图谱》　[日]岩崎灌园　收藏于日本东京国立国会图书馆

宋代有种菊花酒叫"金茎露"。刘辰翁《朝中措·劝酒》诗云："炼花为露玉为瓶，佳客为频倾。耐得风霜满鬓，此身合是金茎。"

梅花粥

《采珍集》[①]：绿萼[②]花瓣，雪水煮粥。解热毒。按：兼治诸疮毒。梅花凌寒而绽，将春而芳。得造物生气之先。香带辣性，非纯寒。粥熟加入。略沸。《埤雅》[③]曰：梅入北方变杏。

【注释】

① 《采珍集》：清陈枚撰。

② 萼：本义是花朵盛开，特指花瓣下部的一圈绿色小叶片。

③ 《埤雅》：宋代陆佃编写的一部训诂书。陆佃是陆游的祖父。训诂书是古代辞书的一种，重在讲解字义、训释名物，兼及形体。

【译文】

《采珍集》上说：梅花长着绿萼花瓣，梅花粥通常用雪水来煮，可以解除热毒。作者补注：梅花可以治疗各种疮毒。梅花总是冒着风雪傲然绽放，一直到春天的时候有了芳香之气。可以说，在这个时节生长，得到的都是造物最初的灵气。梅花的香气中带着辣性，并非全部是清寒之性。粥煮熟了之后，再放入梅花，只要略微煮开就可以了。《埤雅》说：梅到了北方就变成了杏。

佛手柑[1]粥

《宦游日札》[2]：闽人以佛手柑作菹，并煮粥，香清开胃。按：其皮辛，其肉甘而微苦。甘可和中，辛可顺气，治心胃痛宜之，陈者尤良。入粥用鲜者，勿久煮。

【注释】

① 佛手柑：即佛手，属芸香科香橼的一个变种，可供药用。

② 《宦游日札》：盛氏所写的古代笔记。

【译文】

《宦游日札》上说：福建人总是用佛手柑做成泡菜，放入粥里食用，香清开胃。佛手柑的皮味辛辣，果肉甜中微微地有点苦。其甘甜之味可以和中补气，其辛辣之味可以理顺通气，最适合心痛、胃痛的人吃，陈年佛手柑的功效会更好。但是用鲜果煮粥，毕竟和吃药不同，不可煮太久。

百合粥

《纲目》方：润肺调中。按：兼治热咳、脚气。嵇含《草木状》[1]云：花白叶阔为百合，花红叶尖为卷丹。卷丹不入药。窃意花叶虽异，形相类而味不相远，性非迥别。

【注释】

① 《草木状》：晋人嵇含所著的《南方草木状》。

【译文】

《本草纲目》上说：百合是润肺的，补中益气。作者补注：百合可以治疗热咳、脚气。嵇含《草木状》上说：花呈白色、叶子宽阔的是百合，花呈红色而叶子尖尖的名叫卷丹。卷丹是不可入药的。我个人认为，其花、叶形状虽不尽相同，但是形态相近，味道也应该差不多，本质无大的差异。

砂仁粥

《拾便良方》：治呕吐、腹中虚痛。按：兼治上气咳逆①、胀痞②，醒脾通滞气，散寒饮，温肾肝。炒去翳，研末点入粥。其性润燥。韩懋③《医通》曰：肾恶燥，以辛润之。

【注释】

① 上气咳逆：“上气咳逆”指咳嗽、气喘的病症。“上气”即肺气上逆之意。

② 胀痞：病症名，出自《张氏医通·腹满》。

③ 韩懋：明代医学家，撰有《医通》2卷。

【译文】

《拾便良方》上记载：砂仁的功效是治疗呕吐，或者是腹中虚痛。再来，砂仁可以治上气咳逆、胀痞，醒达脾气，通达滞气，驱寒，温肝。把砂仁炒熟，去掉外壳，细细地研磨成粉末状，加入粥中。砂仁的性味是滋润燥气的。韩懋在《医通》里说：肾脏最忌讳的是干燥，所以用辛辣之物可以使它湿润。

五加芽粥

《家宝方》[1]：明目止渴。按：《本草》五加皮根效颇多。又云：其叶作蔬，去皮肤风湿；嫩芽焙干代茶，清咽喉。作粥，色碧香清，效同。《巴蜀异物志》名文章草。

【注释】

①《家宝方》：即宋代医家朱端章所著的《卫生家宝方》。

【译文】

《家宝方》上说：五加皮的功效是明目止渴的。另外，《本草纲目》上说，五加皮具有多种功效。还有，它的叶子如果做成菜，可以去除皮肤病；它的嫩芽如果炙干，可以代茶饮，清爽咽喉。用来做粥，颜色碧绿且味道清香，与其药用功效相同。《巴蜀异物志》里将这种植物叫作文章草。

枸杞叶粥

《传信方》[1]：治五劳七伤。豉汁和米煮。按：兼治上焦客热[2]，周痹风湿，明目安神。味甘气凉，与根皮及子性少别。《笔谈》云：陕西极边生者，大合抱，摘叶代茶。

【注释】

① 《传信方》：唐代刘禹锡于818年所著的医书。见《唐书·艺文志》。

② 上焦客热：上焦，指脏腑三焦中的上部，从咽喉至胸膈部分。客热，外来的热邪或虚热。

【译文】

《传信方》中说：枸杞叶可以治疗五劳七伤。将枸杞叶榨汁和米同煮。作者补注：枸杞叶可以治疗上焦客热，周昧风湿，还可以明目安神。枸杞味甘，但是性偏凉，它的果实与它的根皮及枸杞子的属性还是有些差别。《梦溪笔谈》上说：有一种枸杞树生长在陕西最偏远的地方，那棵树粗大到需要人合抱，上面的叶子非常适合代替茶叶来饮用。

枇杷叶粥

《枕中记》：疗热口敕。以蜜水涂炙，煮粥，去叶食。按：兼降气止渴，清暑毒。凡用择经霜老叶，拭去毛，甘草汤洗净，或用姜汁炙黄。肺病可代茶饮。

【译文】

《枕中记》记载：枇杷叶可以治疗热口敕。在枇杷叶上涂上蜜水后炙烤，然后煮粥，去掉叶子后再吃。作者补注：此粥可以止渴、降暑、清毒。摘取枇杷树上经过霜打的老叶，把毛去掉，用甘草汤洗净，或者用姜汁煮成黄色的汤水。患了肺病的人可以代替茶饮。

茗粥

《保生集要》：化痰消食。浓煎入粥。按：兼治疟痢，加姜。《茶经》曰：名有五，一茶，二槚，三蔎，四茗，五荈[①]。《茶谱》曰：早采为茶，晚采为茗[②]。《丹铅录》[③]：茶即古荼字，《诗》“谁谓荼苦”是也。

【注释】

① “《茶经》曰”句：《茶经》中说，茶总共分五类，一是茶，二是槚（jiǎ），三是蔎（shè），四叫茗，五叫荈（chuǎn）。荈的意思就是最晚采的茶。《茶经》是唐代陆羽所著。

② “《茶谱》曰”句：《茶谱》上说，早上采的茶叫茶，晚上采的茶叫茗。实际上，此话最早为晋人郭璞所说：“早取为茶，晚取为茗。”《茶谱》，毛文锡撰。

③ 《丹铅录》：《丹铅录》是明代杨慎创作的考据著作，计有《丹铅录》《总录》《要录》《摘录》《闰录》《余录》《续录》《别录》《杂录》《赘录》等十种。

【译文】

《保生集要》上记载道：茶的作用就是化痰消食的。茗粥的做法就是把一壶茶煎熬得浓浓的，用来煮粥。这种做法如果再加上些姜片的话，可以治疗疟痢。《茶经》上说：茶根据采摘时间的不同，分茶、槚、蔎、茗、荈等五种。《茶谱》上说，早采的茶叶是茶叶，晚采的茶叶就是茗。《丹铅录》上说：“茶”就是古代的“荼”字。《诗经》说的“谁谓荼苦”，说的就是茶。

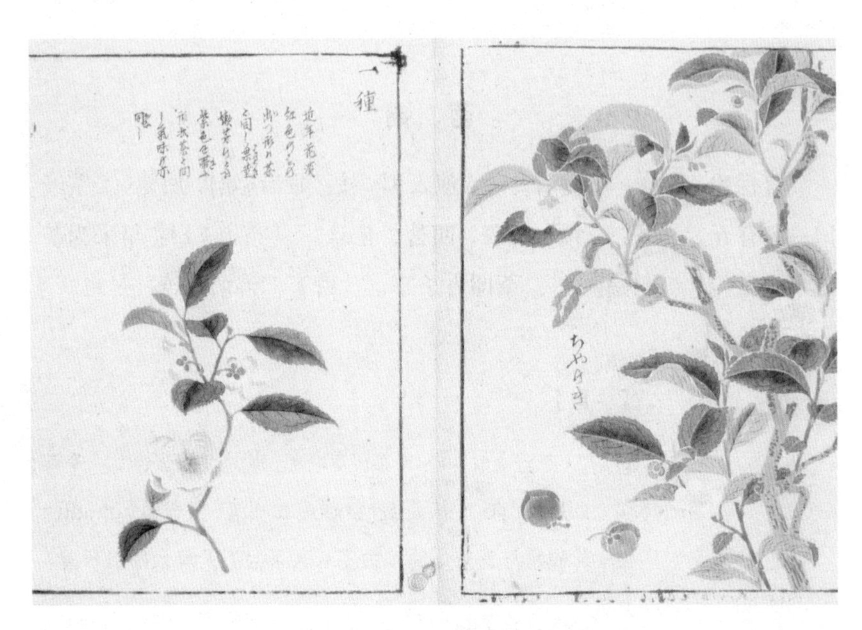

茗

选自《本草图谱》　[日]岩崎灌园　收藏于日本东京国立国会图书馆

唐代诗人储光羲曾作《吃茗粥作》："当昼暑气盛，鸟雀静不飞。念君高梧阴，复解山中衣。数片远云度，曾不蔽炎晖。淹留膳茶粥，共我饭蕨薇。敝庐既不远，日暮徐徐归。"

苏叶粥

慈山参入。按：《纲目》：用以煮饭，行气解肌。入粥功同。按：此乃发表散风寒之品，亦能消痰，和血，止痛。背面皆紫者佳。《日华子本草》[①]谓能补中益气。窃恐未然。

【注释】

① 《日华子本草》：唐代本草学家日华子所写的《日华子诸家本草》。掌禹锡称此书"开宝中四明人撰，不著姓氏"。

【译文】

苏叶粥是曹慈山参入的方子。《本草纲目》上说：苏叶用来煮饭，可以顺畅通气，松弛肌肉。作者补注：苏叶放在粥里面食用，也可以达到同样的功效。作者补注：苏叶的主要功能是发汗，驱散风寒，然后也能够消痰、和血、止痛。用苏叶煮粥的时候，选苏叶的正反面都是紫色的最好。《日华子本草》说，苏叶可以补中气。我认为并不一定真是这样。

苏子粥

《简便方》[①]：治上气咳逆。又《济生方》[②]：加麻子仁，顺气顺肠。按：兼消痰润肺。《药性本草》[③]曰：长食苏子粥，令人肥白身香。《丹房镜源》曰：苏子油能柔五金八石[④]。

【注释】

① 《简便方》：方书，杨起撰。

② 《济生方》：方书，又名《严氏济生方》，共10卷。南宋严用和（子礼）撰。

③ 《药性本草》：明代薛己撰写的一部本草类中医著作，约成书于明正德十五年（1520年）。

④ 五金：五种金属，即金、银、铜、铁、锡的通称。八石：道家炼丹的八种石质原料，即丹砂、雄黄、雌黄、空青、硫黄、云母、戎盐、硝石。

【译文】

《简便方》上记载：苏子治疗的是上气咳逆。《济生方》上也说：如果吃东西的时候，加入麻子仁，就可以顺气、通肠胃。作者补注：苏子可以起到祛痰润肺的作用。《药性本草》里说，如果一个人长期食用苏子粥，就会变得白皙丰满，浑身散发着香气。《丹房镜源》载，苏子油能糅合五金八石。

霍香粥

《医余录》：散暑气，辟恶气。按：兼治脾胃、吐逆、霍乱、心腹痛，开胃进食。《交广杂志》谓霍香木本。《金楼子》言五香共是一木，叶为霍香。入粥用南方草本，鲜者佳。

【译文】

《医余录》注解说：藿香能够驱散暑气，除时瘟，辟邪气。作者补注：藿香可以治疗脾胃、吐逆、霍乱、心腹痛，并且可以增进食欲，令人胃口大开。《交广杂志》上说，霍香的根茎部分是木质的。《金楼子》记载，其实藿香的树木上散发着五种香味，叶子是藿香。煮粥的时候，选用南方出产的草本霍香，新鲜的会更好。

薄荷粥

《医余录》：通关格，利咽喉，令人口香。按：兼止痰嗽，治头痛脑风，发汗，消食，下气，去舌苔。《纲目》云：煎汤煮饭，能去热，煮粥尤妥。扬雄《甘泉赋》作茇葀[1]。

【注释】

① 茇葀（bá qún）：《甘泉赋》："攒并闾与茇葀兮，册被丽其亡鄂。"李善注："茇葀，草名也。"

【译文】

《医余录》上说：薄荷可以通达关格，咽喉不好的人可以经常食用，可以令人口气清新。同时，薄荷的功能还在于它可以止嗽止痰，治疗头疼脑热，使人发汗，消化食物，通顺下气，除去舌苔。《本草纲目》中说：薄荷用来煎熬汤食、煮饭吃，能够去除热气，用来煮粥最好。扬雄所写的《甘泉赋》中，把薄荷称为"茇葀"。

松叶粥

《圣惠方》：细切煮汁作粥，轻身益气。按：兼治风湿、疮，安五脏，生毛发，守中耐饥。或捣汁澄粉曝干，点入粥。《字说》云：松柏为百木之长，松犹公也，柏犹伯也。

【译文】

《太平圣惠方》说：把松叶切得细细的，煮出汁水做粥，可以让人身轻气顺。另外，松叶可以治疗风湿病和各种身体上的疮，使得五脏安稳，生出毛发，最重要的是使得人们清心寡欲，气血和顺，也不容易觉得饿。松叶也可以细细地捣成汁，澄清后晒干，撒在粥里喝。《字说》里说：松、柏是所有树木里面的王者。松就是百树中的公爵，柏就是百树中的伯爵。

柏叶粥

《遵生八笺》[①]：神仙服饵。按：兼治呕血、便血、下痢、烦满。用侧柏叶，随四时方向采之。捣汁澄粉入粥。《本草衍义》云：柏木西指[②]，得金之正气，阴木而有贞德者。

【注释】

① 《遵生八笺》：明代高濂撰写的养生专著。据说高濂年幼时，曾患眼疾等疾病，因此多方搜寻奇药秘方，最终得以康复。他遂记录这些药方在案，汇成此书。

② “柏木西指”：据五行学说，“金居西方而主秋气”，“柏木西指”，所以能够得到金之正气。

【译文】

《遵生八笺》上面说：柏叶是神仙吃的东西。作者补注：柏叶的功能有很多，可以治疗呕血、便血、下痢、烦满。柏叶粥的做法：主要选取侧柏叶，随着四季变化去摘西侧的柏叶。把采下的侧柏叶捣成汁水，澄成粉状，然后放入粥中。《本草衍义》说：柏木的枝条指向西方，所以得金之正气。侧柏树属于阴木，是树木中具有高尚品德的。

花椒粥

《食疗本草》①：治口疮。又《千金翼》②：治下痢、腰腹冷，加炒面煮粥。按，兼温中暖肾，除湿，止腹痛。用开口者，闭口有毒。《巴蜀异物志》：出四川清溪县者良，香气亦别。

【注释】

① 《食疗本草》：唐孟诜撰，张鼎补。世界上现存最早的食疗专著。

② 《千金翼》：即唐代孙思邈所著的《千金翼方》。

【译文】

《食疗本草》上说：花椒是能够治疗口疮病的。《千金翼方》中称：治疗下痢和腰腹的寒冷感，可以将花椒加入炒面和粥混在一起吃。同时，花椒可以温脾，暖肾，除湿，止腹痛。在做花椒粥的时候，要选用已经开口的花椒，因为闭口的花椒有毒。《巴蜀异物志》曾经记载：出产于四川清溪县的花椒质优，香气也胜出一般花椒。

栗　粥

《纲目》方：补肾气，益腰脚。同米煮。按：兼开胃、活血。润沙收之，入夏如新。《梵书》名笃迦。其扁者曰栗楔，活血尤良。《经验方》：每早细嚼风干栗，猪肾粥助之，补肾效。

【译文】

《本草纲目》上的方子：栗子可以补充肾气，对腰腿都是有益处的。栗子和米一起煮吸收好。作者补注：栗粥可以开胃，活血。将栗子放在潮湿的沙子中保存，即使放到夏天还跟新鲜的一样。《梵书》中把栗子叫作笃迦。稍扁的栗子仁，叫栗楔，活血的功效非常好。《经验方》上说：每天早上一醒来，细细咀嚼风干的栗子，再吃一点猪腰粥作为辅助，补肾效果极佳。

菉豆粥

《普济方》[①]：治消渴饮水。又《纲目》方：解热毒。按：兼利小便，厚肠胃，清暑下气。皮寒肉平。用须连皮，先煮汁，去豆下米煮。《夷坚志》[②]云：解附子[③]毒。

【注释】

① 《普济方》：明代朱橚、滕硕、刘醇编撰的中医文献。

② 《夷坚志》：南宋洪迈创作的文言志怪集。

③ 附子：中药。乌头母根旁附生的幼根。乌头的块根呈倒

圆锥形，茎高可达200厘米，中部之上疏被反曲的短柔毛，等距离生叶，分枝。乌头的药用部位是主根，加工后称“川乌”，侧根称“附子”，有毒，须炮制后方能使用，称“制附子”。

【译文】

《普济方》上说：绿豆对于患消渴的人来说是有功效的。《本草纲目》也有记载：绿豆可以解除热毒。作者补注：绿豆有利于小便排泄，滋润肠胃，清热解暑，使得身体顺气通畅。绿豆的豆皮性寒，但是里面的肉性平。做绿豆粥的时候，要连皮一起煮，煮好后，把豆子去掉，下米再煮。《夷坚志》上有绿豆可解附子的毒的记载。

绿豆

选自《百花画谱》　［日］毛利梅园
收藏于日本东京国立国会图书馆

菉豆就是绿豆。《遵生八笺·饮馔服食笺》上卷载：“用绿豆淘净，下汤锅多水煮烂。次下米，以紧火同熬成粥，候冷食之，甚宜夏月。适可而止，不宜多吃。”很多人不知道，绿豆其实还可以用来酿酒。清代著名酿酒师杨万树在其所著《六必酒经》里提到用绿豆曲做出来的酒，一般来说就是“绿豆酒”，它还有一个有意境的名字——“绿珠香液”。

鹿尾粥

慈山参入。鹿尾，关东风干者佳。去脂膜，中有凝血如嫩肝，为食物珍品。碎切煮粥，清而不腻，香有别韵，大补虚损。盖阳气聚于角，阴血会于尾。

【译文】

（鹿尾粥是）曹慈山加入的方子。鹿尾，还是关东风干的鹿尾最好。处理的时候，要去除脂膜，里面有凝血，颜色像嫩肝一样，这可是好东西啊。鹿尾粥的做法就是将鹿尾碎切，放入粥米中熬煮，清香而不黏腻，香味独特，非其他补品可以比拟，还可以把身体的虚损大补回来。究其原因，就是鹿角阳气汇聚利于生阳，鹿尾阴血汇集能大滋补。

鹿　　［日］铃木月津

燕窝粥

《医学述》[1]：养脾，化痰止嗽，补而不滞。煮粥淡食有效。按：《本草》不载，《泉南杂记》[2]采入，亦不能确辨是何物。色白治肺，质清化痰，味淡利水，此其明验。

【注释】

① 《医学述》：清英仪洛著。

② 《泉南杂记》：明嘉兴陈懋仁创作的笔记。

【译文】

《医学述》上说：燕窝可以滋润脾胃，化痰止嗽，补而不滞。直接用它煮成清淡的粥，可以起到很好的功效。作者补注：《本草纲目》对燕窝没有记载，《泉南杂记》才把燕窝载入书中，但是也说不清楚它到底是什么东西。总体来说，燕窝的颜色为白色，利于治疗肺病，质地清洁能化痰，口味寡淡有助于通利水道。这些是确定无疑的。

中品二十七

山药粥

《经验方》[①]：治久泄[②]。糯米水浸一宿，山药炒熟，加沙（砂）糖、胡椒煮。按：兼补肾精，固肠胃。其子生叶间，大如铃，入粥更佳。《杜兰香传》云：食之辟雾露。

【注释】

① 《经验方》：元代萨谦斋撰。

② 久泄：一般症状有腹痛、腹泻，主要指经常性腹泻。

【译文】

《经验方》里说：山药能治疗反复发作的腹痛、腹泻。糯米加水浸泡一个晚上，把山药炒熟，然后加入砂糖、胡椒和米一起煮。作者补注：山药可以调补肾精，稳固肠胃。山药的果实生长在叶子中间，如铃铛大小，用来煮粥更好。《杜兰香传》说：吃山药可以破除伤寒病。

山药

选自《本草图谱》 ［日］岩崎灌园 收藏于日本东京国立国会图书馆

山药在我国有三千多年的历史。孙思邈所著《备急千金药方》中就有“薯蓣生于山者，名为山药，秦楚之间名玉延”的记载。关于山药还有一件趣事。《湘中记》载，东晋永和初年，一位采药人来到衡山，因迷路腹饥，坐崖下歇息。突然他看到一个面容年轻的老者正对着石壁看书。采药人说他肚子饿了，于是老人给了他山药，并指点了出山的路。采药人走了六天才回家，依旧感觉不到肚子饿了。由此而知山药有奇效。

白茯苓粥

《直指方》[1]：治心虚梦泄、白浊[2]。又《纲目》方：主清上实下。又《采珍集》[3]：治欲睡不得睡。按：《史记·龟策传》：名伏灵。谓松之神灵所伏也。兼安神、渗湿、益脾。

【注释】

① 《直指方》：指《仁斋直指方》，26卷，南宋杨士瀛撰。杨士瀛，号仁斋。

② 白浊：又称尿精，指在排尿后或排尿时从尿道口滴出白色浊物，可伴小便涩痛的一种病证。

③ 《采珍集》：清陈枚撰。

【译文】

《直指方》记载：白茯苓可以治疗心虚梦泄、白浊等症。《本草纲目》也说：白茯苓可以清头面、心肺之燥，滋补肝肾。《采珍集》里也描述过：白茯苓可以治疗失眠。作者补注：《史记·龟策传》中把白茯苓叫作伏灵。也就是说其中伏着松树之灵。白茯苓兼有安神、渗湿、益脾功效。

赤小豆粥

《日用举要》[①]：消水肿。又《纲目》方：利小便，治脚气，辟邪厉。按，兼治消渴[②]，止泄痢、腹胀、吐逆。《服食经》[③]云：冬至日食赤小豆粥可厌疫鬼。即辟邪厉之意。

【注释】

① 《日用举要》：元吴瑞著。

② 消渴：多饮、多食、多尿、口渴、身体消瘦等为主要表现的慢性疾病，即糖尿病。

③ 《服食经》：即彭祖《服食经》。

【译文】

《日用举要》上说：赤小豆对于消水肿有奇效。《本草纲目》也记载：赤小豆利于通小便，还可以治疗脚气、辟邪。同时，赤小豆还可以治疗消渴症，止泄痢、腹胀、呕吐等症状。《服食经》上说：在冬至日吃赤小豆可以驱除疫鬼，也就是驱瘟辟邪。

蚕豆粥

《山家清供》：快胃和脾。按：兼利脏腑。《本经》[①]不载。万表[②]《积善堂方》有误吞针，蚕豆同韭菜食，针自大便出，利脏腑可验。煮粥宜带露采嫩者，去皮用，皮味涩。

【注释】

① 《本经》：指《神农本草经》。《神农本草经》又称《本草经》或《本经》，托名“神农”所作，实成书于汉代，是中医四大经典著作之一，是已知最早的中药学著作。

② 万表：明代人，生平不详。

【译文】

《山家清供》上说：蚕豆有利于增加胃动力，调和脾胃。作者补注：蚕豆也可以促进腑脏运化，润肠通便。这个要点是在《本经》中没有记载的。明代人万表在《积善堂方》中提到，有人不小心吞了针，把蚕豆和韭菜喂给他一起吃，误吞的针就随大便一起排出来了。这验证了蚕豆可助脏腑运化。如果用蚕豆煮粥，最好选择早上有露水的时候，采回鲜嫩的蚕豆，把皮去掉，因为皮的味道苦涩。

戚继光像

选自《古圣贤像传略》清刊本 （清）顾沅＼辑录，（清）孔莲卿＼绘

我国宁波一带又把蚕豆叫作“倭豆”。明代抗倭名将戚继光曾对下属说：“杀敌以蚕豆计数，战后以蚕豆数论功行赏。”由此部下就把蚕豆叫成“倭豆”，后在宁波一带流传开来。

天花粉[1]粥

《千金月令》[2]：治消渴。按：即栝楼根。《炮炙论》[3]曰：圆者为栝，长者为楼，根则一也。水磨澄粉入粥，除烦热，补虚安中，疗热狂时疾，润肺降火止嗽，宜虚热人。

【注释】

① 天花粉：中药名，又叫栝楼根。《本草正义》：药肆之所谓天花粉者，即以蒌根切片用之，有粉之名，无粉之实。天花粉为葫芦科植物栝楼的根，其具体功效是清热泻火、生津止渴、排脓消肿。

② 《千金月令》：唐孙思邈撰。

③ 《炮炙论》：南北朝刘宋雷敩编撰的中医学著作。此书为我国最早的中药炮制学专著，原载药物300种。

【译文】

《千金月令》记载：天花粉可以治疗消渴症。作者补注：天花粉也就是栝楼根。《炮炙论》上说：圆的是栝，长的是楼，根则是一样的。栝楼根加水研磨后，澄出粉状物，放在粥里，可解烦热，补内虚健中，疗热狂时疾，滋润肠肺，降火气，治咳嗽，有虚热之症的人吃这种粥食是最合适不过的。

面 粥

《外台秘要》[①]：治寒痢[②]白泻[③]。麦面炒黄，同米煮。按：兼强气力，补不足，助五脏。《纲目》曰：北面性平，食之不渴，南面性热，食之发渴，随地气而异也。《梵书》名迦师错。

【注释】

① 《外台秘要》：又名《外台秘要方》，是唐代王焘辑录而成的综合性医书。

② 寒痢：又叫“冷痢”。因炎热贪凉，过食生冷不洁之物，寒气凝滞，脾阳受伤所致。有痢下色白或赤白相兼、质稀气腥、苔白、脉迟等证。

③ 白泻：大便色白稀薄。

【译文】

《外台秘要》说：面粥主要治疗寒痢、白泻。把麦面炒至金黄，然后把麦面和米一起煮。作者补注：吃了面粥可以增强体力，补充身体空虚不足，帮助五脏通顺。《本草纲目》上说：北方的面性平，所以吃这种面食是不会口渴的；南方的面性热，吃了以后会觉得渴。只是面的性质随着地质的程度而有所不同。《梵书》里把它叫作迦师错。

腐浆粥

慈山参入。腐浆即未点成腐者。诸豆可制，用白豆居多。润肺，消胀满，下大肠浊气，利小便。暑月入人汗有毒。北方呼为甜浆粥，解煤毒，清晨有肩挑鬻于市。

【译文】

（腐浆粥是）曹慈山加入的方子。腐浆即未点成豆腐浆汤。各种豆子都可以做，使用白豆的居多。腐浆可以滋润肺肠，除胀满，排出大肠的浊气，有利于小便排泄。在夏天制作腐浆的时候，需要防止人的汗水掉入腐浆之中，因为这样会产生毒性。腐浆在北方又称为甜浆粥，吃了可以解煤烟之毒，清晨有人挑到街市上卖。

龙眼肉粥

慈山参入。开胃悦智，养心益智，通神明，安五脏，其效甚大。《本草衍义》[①]曰：此专为果，未见入药。非矣。《名医别录》[②]云：治邪气，除蛊毒。久服强魂，轻身不老。

【注释】

① 《本草衍义》：原名《本草广义》，北宋寇宗奭撰，刊于北宋政和六年（1116年）。

② 《名医别录》：南朝齐梁时陶弘景所撰。

【译文】

（龙眼肉粥是）曹慈山加入的方子。龙眼可以开胃、益智，也可以养心，对于通达神明、协理五脏都有着极强的效果。《本草衍义》中说：龙眼只是水果，没有作为药材用的记载。实际并非如此。《名医别录》上就记载了它治邪气、除蛊毒的功效。长期喝龙眼肉粥，可以强身健体，身体轻灵而不觉疲惫。

大枣粥

慈山参入。按：道家方药，枣为佳饵。皮利肉补，去皮用，养脾气，平胃气，润肺止嗽，补五脏，和百药。枣类不一，青州黑大枣良，南枣味薄微酸，勿用。

【译文】

（大枣粥是）曹慈山加入的方子。作者补注：道家的药方中，大枣是一味很好的药物。它外皮是利脆的，但是果肉能补身体，去皮后食用，可以调节脾气，平稳胃气，润肺止咳，还可以滋补五脏，能够和很多药物配伍。当然，枣有很多种，青州出产的黑大枣不错，南方的大枣味道淡了一点，而且有酸味，不能用于煮粥。

《宋人扑枣图》轴
佚名　收藏于中国台北“故宫博物院”

蔗浆粥

《采珍集》：治咳嗽虚热，口干舌燥。按：兼助脾气，利大小肠，除烦热，解酒毒。有青紫二种，青者胜。榨为浆，加入粥。如经火沸，失其本性，与糖霜何异？

【译文】

《采珍集》上说：甘蔗可以治疗咳嗽虚热，口干舌燥。作者补注：甘蔗可以帮助消化脾气，通顺大肠小肠，去除烦热，解除酒毒。甘蔗有青皮和紫皮两种，从质地来说，青皮的更好一些。把甘蔗榨成浆，加到粥里直接饮用，味道鲜美。但是在制作的时候，一定注意不要煮开，那会失去了它的药用价值，跟放了糖没有什么区别。

柿饼粥

《食疗本草》：治秋痢。又《圣济方》：治鼻窒不通。按：兼健脾涩肠，止血止嗽，疗痔。日干为白柿①，火干为乌柿。宜用白者。干柿去皮纳瓮中，待生白霜，以霜入粥尤胜。

【注释】

① 日干为白柿：在太阳下晒干的柿饼叫白柿。

【译文】

《食疗本草》上记载：柿饼可以治疗秋痢。另外，《圣济方》上说：柿饼可以治疗鼻塞。作者补注：柿饼还可以强健脾胃、润肠止泻，止血止嗽，治疗痔疮。在太阳下晒干的叫作白柿，用火烘干的是乌柿。做粥还是应该选用白柿。把干柿子的皮去掉，放在瓮中，待其生白霜，把这种带霜的柿饼放在粥中食用，是更佳的选择。

枳蓂[1]粥

慈山参入。按：俗名鸡距子。形卷曲如珊瑚，味甘如枣。《古今注》[2]名树蜜，尤解酒毒。醉后，次早空腹食此粥颇宜。老枝嫩叶，煎汁倍甜，亦解烦渴。

【注释】

① 枳蓂：亦称拐枣、金钩子、鸡距子、枳枸等，是具有醒酒、除烦、止渴之功的药材。味甜，供食用，亦可酿酒。

② 《古今注》：晋崔豹撰。此书解说和诠释古代和当时各类事物，分为舆服、都邑、音乐、鸟兽、鱼虫、草木、杂注、问答释义八门，可用作研究古人对自然界的认识、古代典章制度和习俗的参考资料。

【译文】

（枳蓂粥是）曹慈山加入的方子。作者补注：枳蓂俗称鸡距子。枳蓂的形状卷曲，样子长得像珊瑚，而味道像枣一样甜。《古今注》上将其称作“树蜜”。它的功效可以解酒毒。所以，如果喝醉了，第二天早上空腹喝这种粥是比较合适的。用较老的枝干和鲜嫩的叶子煎汁饮用，非常好喝，还可以解烦渴。

枸杞子粥

《纲目》方：补精血，益肾气。按：兼解渴除风、明目安神。谚云：去家千里，勿食枸杞。谓能强盛阳气也。《本草衍义》曰：子微寒。今人多用为补肾药，未考经[1]意。

【注释】

① 经：指《神农本草经》。“枸杞”收在其卷一上品药物中。

【译文】

《本草纲目》中的方子记载：枸杞可以补充精血，裨益肾气。作者补注：枸杞可以在渴的时候喝，还可以除风、明目、安神。有一句谚语讲得好：“离家千里，勿食枸杞。”意思是说，它能够强健体魄，增加阳气。《本草衍义》上说：枸杞子性微寒。现在的人们多把它当作补肾的药，这是没看过《神农本草经》，不了解它的用途。

枸杞

选自《草木实谱》 ［日］毛利梅园 收藏于日本东京国立国会图书馆

早在夏禹时期，先民们就已经食用枸杞了。《史记》记载：“杞氏为夏禹之后。”

枸杞图

选自《本草图谱》 ［日］岩崎灌园 收藏于日本东京国立国会图书馆

《遵生八笺·饮馔服食笺·枸杞子粥》记载："用生者研如泥，干者为末。每粥一瓯，加子末半盏，白蜜一二匙，和匀，食之大益。"

木耳粥

《鬼遗方》[1]：治痔。按：桑、槐、楮、榆、柳[2]为五木耳。《神农本草经》云：益气不饥，轻身强志。但诸木皆生耳，良毒亦随木性。煮粥食，兼治肠红。煮必极烂，味淡而滑。

【注释】

① 《鬼遗方》：晋末刘涓子所著的外科书。南齐龚庆宣于5世纪整理成此书。

② 桑、槐、楮、榆、柳：古人认为，这五种树上会生长可以食用的木耳，所以称之为“五木耳”。

【译文】

《鬼遗方》上说：木耳可以治疗痔疮。作者补注：桑、槐、楮、榆、柳这五种树上生出的木耳，因此被称为“五木耳”。《神农本草经》记载：木耳可以补气血，吃了以后不容易饿，还可以使身体轻捷、精神强健。但是所有树木都可以生出木耳，木耳质量的好坏，都随树的本性的不同而异。用木耳煮粥食用，可以治疗湿毒瘀热而致的大便出血。木耳粥一定要煮到极烂的程度，味道清淡、口感顺滑。

小麦粥

《食医心镜》：治消渴。按：兼利小便，养肝气，养心气，止汗。《本草拾遗》[1]曰：麦凉曲温，麸冷面热，备四时之气。用以治热，勿令皮拆，拆则性热。须先煮汁，去麦加米。

【注释】

① 《本草拾遗》：唐代中药学著作，作者为唐开元时任京兆府三原县尉的陈藏器，10卷，今佚。

【译文】

《食医心镜》记载：小麦粥是治疗消渴症的。作者补注：小麦粥可以利通小便，颐养肝气、心气，止汗。《本草拾遗》上说：麦子性凉，麦曲性温，麦麸性冷，麦面性热，这麦、曲、麸、面符合四季的特性。小麦粥如果用来治热病，做的时候就不要去麦皮，去麦皮后性热。应先用小麦煮汁，之后去麦留汁，再加米煮粥。

大麦　穬麦

选自《本草图谱》　[日]岩崎灌园　收藏于日本东京国立国会图书馆

菱 粥

《纲目》方：益肠胃，解内热。按：《食疗本草》曰：菱不治病，小有补益。种不一类。有野菱生陂塘中，壳硬而小，曝干煮粥，香气较胜。《左传》屈到[①]嗜芰[②]，即此物。

【注释】

① 屈到：人名，春秋时期楚国人。

② 芰（jì）：古代指菱。

【译文】

《本草纲目》中的方子：菱角有益于肠胃，可以解内热。另外，《食疗本草》上记载：菱角是不能治疗疾病的，只不过稍有益处。菱角有很多种类。有的野菱角生长在狭窄的池塘中，壳很硬，个头小，但是把野生菱角晒干后煮粥，更加好吃，香气扑鼻。《左传》中说屈到喜欢吃芰，“芰”指的就是菱角。

淡竹叶粥

慈山参入。按：春生苗，细茎绿叶似竹，花碧色，瓣如蝶翅，除烦热，利小便，清心。《纲目》曰：淡竹叶煎汤煮饭，食之能辟暑。煮饭曷若煮粥尤妥。

【译文】

淡竹叶粥是曹慈山加入的方子。春天刚刚生出来的淡竹叶苗，长着细细的茎秆，绿色的叶子，和竹子很像，淡竹叶的花是绿色的，花瓣很像蝴蝶的翅膀，淡竹叶的功能是除烦热，而且还可以利小便、清心。《本草纲目》记载：用淡竹叶熬制汤食，或者煮饭，可以起到避暑的作用。煮饭怎么比得上煮粥好呢？

淡竹叶
选自《庶物类纂图翼》
［日］户田祐之　收藏于
日本内阁文库

贝母粥

《资生录》[①]：化痰止嗽，止血。研入粥。按：兼治喉痹[②]、目眩及开郁。独颗者有毒。《诗》云：言采其虻[③]。虻本作莔[④]，《尔雅》[⑤]：莔，贝母也。诗本不得志而作，故曰“采虻”，为治郁也。

【注释】

① 《资生录》：南宋王执中撰。

② 喉痹：是指以咽部红肿疼痛，或干燥、有异物感，或咽痒不适、吞咽不利等为主要临床表现的疾病。

③ 言采其虻（méng）：虻，即中药贝母。《诗·鄘风·载驰》：“陟彼阿丘，言采其虻。”

④ 莔（méng）：古代表示贝母。

⑤ 《尔雅》：我国古代第一部词典。“尔”是“近”的意思（后来写作“迩”），“雅”是“正”的意思，在这里专指“雅言”，即在语音、词汇和语法等方面都合乎规范的标准语。

【译文】

《资生录》上说：贝母可以化痰止咳，还可以止血。把贝母细细地研磨后入粥。作者补注：贝母能够治疗喉痹、头晕目眩、开郁。贝母通常是分为两瓣的，不分瓣的贝母其实是有毒的。《诗经》里说：“言采其虻。”虻本作“莔”，

《尔雅》在对《诗经》里的句子解读时提到：莔，其实就是贝母。《诗经》里的诗本来就是不得志的人写的，之所以叫作“采虻”，其实就是取了“虻”有开解郁闷之情的意思。

竹叶粥

《奉亲养老书》[1]：治内热[2]、目赤[3]、头痛，加石膏同煮，再加砂糖。此即仲景“竹叶石膏汤”之意。按：兼疗时邪发热。或单用竹叶煮粥，亦能解渴除烦。

【注释】

① 《奉亲养老书》：养生著作，宋代陈直撰。本书对后世老年人养生理论影响较大。

② 内热：也叫内火，中医证名。又称为“火热内生”，指体内脏腑阴阳偏胜之热。

③ 目赤：眼结膜充血，俗称“火眼”，多由风火、肝火或阴虚火旺所致。

【译文】

《奉亲养老书》上说：竹叶可以治疗内热、目赤、头痛，竹叶加石膏一起煎煮，然后再加砂糖，就是张仲景所说的“竹叶石膏汤”。作者补注：竹叶还可以治疗时邪发热。单独用竹叶煮粥，也可以解渴，除烦。

竹子

选自《十竹斋书画谱》 （明）胡正言\编 收藏于英国剑桥大学图书馆

《神仙饵松实法》载："竹叶粥：中暑者宜用。竹叶一握，山栀一枚，煎汤去渣，下米煮粥，候熟，下盐花点之。进一二杯即愈。"

竹沥粥

《食疗本草》：治热风。又《寿世青编》[①]：治痰火。按：兼治口疮、目痛、消渴及痰在经络四肢。非此不达。粥熟后加入。《本草补遗》[②]曰："竹沥清痰，非助姜汁不能行。"

【注释】

① 《寿世背编》：又称《寿世编》，养生著作，2卷，清代尤乘辑。

② 《本草补遗》：清代的一部本草类中医著作，作者佚名，成书年代未详。

竹子
选自《十竹斋书画谱》明彩印本 （明）胡正言\编 收藏于英国剑桥大学图书馆

竹沥是把火烤竹子两端时流下的汁水收集而成的。

【译文】

《食疗本草》上说：竹沥可以治热风病。《寿世青编》也说：竹沥可以消除痰火。作者补注：竹沥可以治口疮病、眼疼病、消渴症，如果有痰火在经络四肢，排不出来，也可以食用竹沥粥。这些症状非用竹沥不可。先把粥煮熟，再加入竹沥。《本草补遗》中说：竹沥可以清痰化痰，竹沥加姜汁搭配使用更显功效。

牛乳粥

《千金翼》[1]：白石英[2]、黑豆饲牛，取乳作粥，令人肥健。按：兼健脾、除疸黄。《本草拾遗》云：水牛胜黄牛。又芝麻磨酱、炒面煎茶，加盐，和入乳，北方谓之“面茶”，益老人。

【注释】

① 《千金翼》：即《千金翼方》。唐孙思邈著。作者集晚年近三十年之经验著成，以补早期巨著《千金要方》之不足，故名“翼方”。

② 白石英：中药材名。本品为氧化物类矿物石英的矿石。功能为温肺肾，安心神，利小便。

【译文】

《千金翼方》记载：以白石英和黑豆喂牛，取挤出的牛奶做粥，常喝能强身健体。作者补注：牛乳可以健脾胃、除黄疸。《本草拾遗》中说：水牛乳的乳质超过了黄牛乳。把牛乳和芝麻酱、炒面一起用茶汤煮，再加入盐，这样吃，北方叫作“面茶”，对老人的身体有补益。

《五牛图》（局部）

（唐）韩滉　收藏于北京故宫博物院

宋代诗人和著名理学家陈藻作《食粥绝句赠卢震夫》：“古瓷大碗今无有，特地凶年洗出来。满著十分牛乳粥，客思吃尽鬼神猜。”

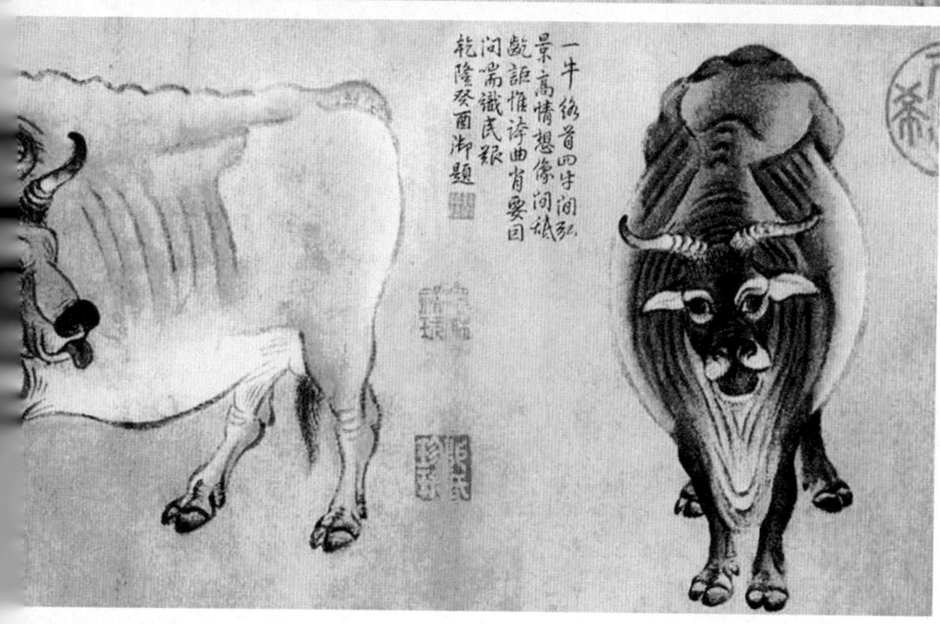
一牛絡首四牛閒弘
景高情想像間舐
齕詎惟誇曲肖要因
問喘識民艱
乾隆癸酉御題

鹿肉粥

慈山参入。关东有风干肉条，酒微煮，碎切作粥，极香美。补中，益气力，强五脏。《寿世青编》曰：鹿肉不补，反痿人阳。按：《别录》[1]指茸能痿阳[2]，盖因阳气上升之故。

【注释】

① 《别录》：指《名医别录》。药学著作，辑者佚名（一作陶氏）。

② 痿阳：使男子阳痿。

鹿

选自《诗经名物图解》册　[日]细井徇　收藏于日本东京国立国会图书馆

【译文】

（鹿肉粥是）曹慈山加入的方子。关东有风干的鹿肉条，把鹿肉条用酒略微煮一下，再切碎，放入粥中煮沸，味道香美。这样吃可以补中气，增加力量，强健五脏。《寿世青编》上说：鹿肉并不能补身体，反而会导致人阳痿。作者补注：《别录》上说鹿茸使男子阳痿，大概是因为阳气上升的缘故吧。

淡菜[1]粥

《行厨纪要》：止泄泻，补肾。按：兼治劳伤、精血衰少、吐血肠鸣、腰痛，又治瘿[2]。与海藻同功。《刊石药验》[3]曰：与萝卜或紫苏、冬瓜入米煮，最益老人。酌宜用之。

【注释】

① 淡菜：一般指贻贝煮熟后晾干的成品。

② 瘿（yīng）：中医指长在脖子上的一种囊状的瘤子。

③ 《刊石药验》：后唐时医书。

【译文】

《行厨纪要》上说：淡菜能够治疗腹泻，还有益于肾脏。同时，淡菜可以治疗劳伤、精血衰少、吐血肠鸣、腰痛等病症，还能治疗甲状腺肿大，具有与海藻相同的功效。《刊石药验》中说：淡菜配上萝卜或紫苏、冬瓜，加米煮粥，对老人最有好处。但是谨记一点，淡菜粥不宜吃太多，要斟酌合适的量食用。

鸡汁粥

《食医心镜》：治狂疾[①]，用白雄鸡。又《奉亲养老书》：治脚气，用乌骨雄鸡。按：兼补虚养血。巽[②]为风为鸡。风病忌食。陶弘景《真诰》曰：养白雄鸡可辟邪，野鸡不益人。

【注释】

① 狂疾：指精神错乱、狂躁不安等痰火壅盛之证。

② 巽（xùn）：《易·说卦》："巽为木，为风""巽为鸡"。《疏》："为风，取其阳在上摇木也""巽主号令，鸡能知时，故为鸡也"。这是将"巽"和自然现象及禽畜对应的一种说法。

【译文】

《食医心镜》上说：白雄鸡的肉可以治疗狂病。《奉亲养老书》还提到过用乌骨雄鸡可以治脚气。作者补注：鸡肉可以补充虚弱体质，滋养身体血脉。八卦中的"巽"卦对应的就是风和鸡。所以，患风症的人不要吃鸡。陶弘景在《真诰》上曾经说：白雄鸡可以辟邪，而野鸡的营养价值没有白雄鸡高，对人的身体没什么益处。

雉鸡

选自《诗经名物图解》册　［日］细井徇　收藏于日本东京国立国会图书馆

《芙蓉花鸭》
（元）佚名

鸭汁粥

《食医心镜》：治水病垂死[1]，青头鸭和五味煮粥。按：兼补虚除热，利水道，止热痢。《禽经》[2]曰：白者良，黑者毒；老者良，嫩者毒。野鸭尤益病人。忌同胡桃、木耳、豆豉食。

【注释】

① 水病垂死：一指水肿病，一指单腹胀。

② 《禽经》：传为春秋时师旷所撰鸟类书。

【译文】

《食医心镜》上记载：鸭肉可以治疗水肿病，选用青头鸭，再调和酸甜苦辣咸五种味道煮粥。作者补注：鸭肉可以补虚除热，利水道，止热痢。《禽经》上记载：白色的鸭子可以吃，黑色的鸭子有毒，不可以吃；老的鸭子可以吃，嫩鸭有毒。吃野鸭对患病的人尤有补益。只是，鸭肉不要同胡桃、木耳、豆豉一起吃。

海参粥

《行厨纪要》：治痿，温下元。按：滋肾补阴。《南闽记闻》言采取法，令女人裸体入水，即争逐而来，其性淫也。色黑入肾，亦从其类。先煮烂，细切，入米，加五味。

【注释】

① 痿：中医指身体某部分萎缩或丧失机能的病。

【译文】

《行厨纪要》上说：海参能治痿病，温补下元。作者补注：海参可以滋润肾脏，补阴虚。《南闽记闻》上说，采集海参的方法是让女人赤裸身体进入水中，海参就立刻争先恐后地赶过来，因为它性淫欲强。海参颜色黑，入肾经，二者属于同一类。海参粥的做法是先将它煮烂，切得非常细碎，随后放入米里煮，再加五味调香。

白鲞[1]粥

《遵生八笺》：开胃悦脾。按：兼消食，止暴痢、腹胀。《尔雅翼》[2]：诸鱼干者皆为鲞，不及石首鱼[3]，故独得白名。《吴地志》曰：鲞字从美，下鱼，从鲞者非。煮粥加姜、豉。

【注释】

① 鲞（xiǎng）：剖开晒干的鱼。

② 《尔雅翼》：宋代罗愿撰写的训诂书。

③ 石首鱼：又名黄花鱼。

【译文】

《遵生八笺》上说：白鲞粥可以开胃悦脾。作者补注：白鲞粥还可以帮助消化食物，止暴痢、腹胀等。《尔雅翼》中记载：所有鱼被刀剖开，在阳光下晒干，之后都叫作鲞，但都不如石首鱼好吃，所以只有它被单独命名。《吴地志》说：鲞字的上半部分从属于“美”字，下面写作“鱼”字，而不应是“鲞”这个字。煮粥时加入生姜、豆豉。

下品三十七

酸枣仁粥

《圣惠方》：治骨蒸不眠[1]。水研滤汁煮粥，候熟，加地黄汁再煮。按：兼治心烦、安五脏、补中，益肝气。《刊石药验》云：多睡，生用便不得眠，炒熟用疗不眠。

【注释】

① 骨蒸不眠：骨蒸是阴虚火旺的一个主要症状，就好像有一股热从骨头里往外蒸发一样，心烦得没有办法入睡。

【译文】

《太平圣惠方》中说：酸枣仁可治疗骨蒸不眠。将酸枣仁加水研磨，过滤后的汁液用来煮粥，待粥熟后，加入地黄汁再煮。作者补注：酸枣仁可以治心烦、安五脏、补中、益肝气。《刊石药验》中说：用生酸枣仁煮服，可以治疗患嗜睡症者，减少睡眠时间；将酸枣仁炒熟后食用，可以治疗失眠。

车前子粥

《肘后方》[①]：治老人淋病[②]。绵裹入粥煮。按：兼除湿，利小便，明目。亦疗赤痛，去暑湿，止泻痢。《服食经》[③]云：车前一名地衣，雷之精也，久服身轻。其叶可为蔬。

【注释】

① 《肘后方》：晋葛洪撰写的中医方剂著作。全名《肘后备急方》。

② 淋病：淋病奈瑟菌（简称淋球菌）引起的以泌尿生殖系统化脓性感染为主要表现的性传播疾病。

③ 《服食经》：传说中的《彭祖服食经》的简称。

【译文】

《肘后方》：车前子可以治疗老人的淋病。用细布将车前子包好后放在粥中煮。此方同时可以去除湿气，利尿，明目。也可以治疗赤痛，去暑期湿气，止腹泻痢疾。《服食经》中说：车前子别名"地衣"，生长于春雷乍响时节，是雷之精。长期服用可缓解身体沉重感，感觉一身轻。它的叶子也可用作蔬菜食用。

肉苁蓉粥

陶隐居[①]《药性论》：治劳伤、精败、面黑。先煮烂，加羊肉汁和米煮。按：兼壮阳，润五脏，暖腰膝，助命门。相火[②]凡不足者，以此补之。酒浸，刷去浮甲，蒸透用。

【注释】

① 陶隐居：即陶弘景。

② 相火：中医术语，即肝肾之火，出自《黄帝内经》："君火以明，相火以位。"相火有天人正邪、生理病理的两重性。相火不足是指肾阴亏虚导致的阴虚火旺。

【译文】

陶弘景所著《药性论》上说：肉苁蓉可治疗因劳累造成的精气亏损、面色发黑。先将肉苁蓉煮烂，再把羊肉汤和米加进去一同煮。作者补注：肉苁蓉同时可以壮阳补气，滋润五脏，温暖腰膝，助力肾脏命门。凡是相火不足的人，都可以用它来补养。先用酒浸泡，刷去外面一层表皮，再放入锅中，用水蒸透即可食用。

牛蒡[1]根粥

《奉亲养老书》：治中风口目不动、心烦闷，用根曝干作粉入粥，加葱、椒五味。按：兼除五脏恶气，通十二经脉[2]。冬月采根，并可作菹[3]，甚美。

【注释】

① 牛蒡：菊科牛蒡属二年生草本植物。茎枝有短毛及黄色小点，叶宽卵形，花紫红色。一般以种子入药，有发散风热、清热解毒的功效。

② 十二经脉：经络系统的主体，具有表里经脉相合，与相应脏腑络属的主要特征。包括手三阴经（手太阴肺经、手厥阴心包经、手少阴心经）、手三阳经（手太阳小肠经、手阳明大肠经、手少阳三焦经）、足三阳经（足太阳膀胱经、足阳明胃经、足少阳胆经）、足三阴经（足太阴脾经、足厥阴肝经、足少阴肾经）。

③ 菹（zū）：腌菜。

【译文】

《奉亲养老书》：牛蒡根可治疗中风导致的嘴巴、眼睛歪邪不能自主和心烦胸闷等症。先将牛蒡根晒干，然后磨成粉放入粥里，再加大葱、青椒和调味料。另外，牛蒡根粥可以去除五脏恶气，畅通十二经脉。冬季采挖牛蒡根，可制成腌菜，味道甚美。

郁李仁[1]粥

《独行方》[2]：治脚气肿、心腹满、二便不通、气喘急。水研绞汁，加薏苡仁入米煮。按：兼治肠中结气，泄五脏、膀胱急痛。去皮，生蜜浸一宿，漉[3]出用。

【注释】

① 郁李仁：蔷薇科植物郁李、欧李、榆叶梅、长梗扁桃等的种仁，有滑燥润肠、下气利水等功效。

② 《独行方》：唐韦宙撰，原书已佚。

③ 漉：过滤。

【译文】

《集验独行方》记载：郁李仁可治疗脚气浮肿、胸腹鼓胀、大小便不通、气喘气急等。先将郁李仁加水研磨后绞出汁水，然后加薏苡仁米一同煮粥。作者补注：同时可以治肠中结气，推动五脏运化、缓解膀胱急痛。需把郁李仁去皮后用生蜜浸泡一夜，再将其过滤出来备用。

大麻仁粥

《肘后方》：治大便不通。又《食医心镜》：治风水腹大、腰脐重痛、五淋涩痛。又《食疗本草》：去五脏风、润肺。按：麻仁润燥之功居多。去壳煎汁煮粥。

【译文】

《肘后方》：大麻仁可治疗大便不通。《食医心镜》：大麻仁可治疗风水腹大、腰脐重痛、五淋涩痛。《食疗本草》上又有记载：大麻仁可治五脏风症、润肺。作者补注：麻仁主要的功效还是润燥。使用前先去壳，然后加水煎出汁液，用它来煮粥。

榆皮粥

《备急方》[①]：治身体暴肿，同米煮食，小便利，立愈。按：兼利关节，疗邪热，治不眠。初生荚仁[②]作糜食，尤易睡。嵇康《养生论》谓榆令人瞑也。捣皮为末，可和菜奄食。

【注释】

① 《备急方》：《随身备急方》的简称。唐张文仲撰。

② 初生荚仁：鲜嫩的榆仁。榆仁又名榆实、榆子，可以止渴、补肺、消肿、清湿热、清热利水、健脾安神。

【译文】

《备急方》说：榆皮可治疗身体暴肿，用它和米一起煮着吃，有利小便排尿，见效快。作者补注：可治疗关节不适、外界环境引起的发热，以及失眠等症状。若用新长出的嫩榆仁做粥，食用后人更容易入睡。嵇康《养生论》认为榆皮可使人闭眼瞌睡。把榆皮捣碾成粉末，拌进菜中，可以和菜一起吃。

桑白皮①粥

《三因方》②：治消渴，糯谷炒拆白花同煮。又《肘后方》治同。按：兼治咳嗽吐血，调中下气。采东畔嫩根③，刮去皮，勿去涎，炙黄用。其根出土者有大毒。

【注释】

① 桑白皮：桑科植物桑除去栓皮的根皮。

② 《三因方》：《三因极一病证方论》的简称，亦称《三因极一病源论粹》。宋陈言著，18卷。

③ 东畔嫩根：指伸向东方的嫩根。

【译文】

《三因方》说：桑白皮可治疗消渴症，和糯米炒拆白花一起煮。与《肘后方》做法一样。同时可治咳嗽吐血，调中下气。采摘位于东侧的嫩根，先刮去皮，但流出的汁液不可洗去，要保留，再烤成黄色后使用。千万注意，暴露在土层外面的桑白皮根毒性大，不可食用。

麦门冬粥

《南阳活人书》[①]：治劳气欲绝。和大枣、竹叶、炙草[②]煮粥。又《寿世青编》：治嗽及反胃。按：兼治客热[③]、口干、心烦。《本草衍义》曰：其性专泄不专收，气弱胃寒者禁服。

【注释】

① 《南阳活人书》：宋代朱肱撰写，又叫《类证活人书》。

② 炙草：炙甘草。

③ 客热：一说是指小儿发热，一说指的是外来的热邪，一说虚热或假热。《伤寒论·太阳病篇》："数为客热，不能消谷，以胃中虚冷，故吐也。"

【译文】

《南阳活人书》说：麦门冬可以治疗久虚而伤气阴。在盛有麦门冬的锅里加入大枣、竹叶、炙甘草，一起煮粥即可。《寿世青编》书中描述：麦门冬可以医治咳嗽及反胃。另外，它还能治客热（病症名）、口干、心烦。据《本草衍义》上所述说：麦门冬的药性是专泄而不收敛，气弱胃寒的人禁服。

地黄粥

《臞仙神隐书》：利血生精。候粥熟，再加酥蜜。按：兼凉血，生血，补肾真阴。生用寒，制熟用，微温。煮粥宜鲜者。忌铜铁器。吴旻《山居录》云：叶可作菜，甚益人。

【译文】

《臞仙神隐书》说：地黄可以补虚损，生精血。待粥熟，再加入酥酪和蜂蜜一同食用。作者补注：地黄还能清除血热，生血活血，滋补肾虚。生地黄性寒凉，需要煮熟用，性微温。煮粥必须用新鲜的地黄，而且不能用铜器、铁器盛煮。吴旻《山居录》中说：地黄的叶子做菜不错，非常有益健康。

地黄

选自《本草图谱》　［日］岩崎灌园
收藏于日本东京国立国会图书馆

唐代诗人白居易曾作《春寒》一诗，提到了地黄粥："今朝春气寒，自问何所欲。酥暖薤白酒，乳和地黄粥。岂惟厌馋口，亦可调病腹。助酌有枯鱼，佐餐兼旨蓄。省躬念前哲，醉饱多惭忸。君不闻靖节先生尊长空，广文先生饭不足。"

吴茱萸[1]粥

《寿世青编》：治寒冷、心痛、腹胀。又《千金翼》酒煮茱萸治同。此加米煮，拾开口者，洗数次用。按：兼除湿、逐风、止痢。周处《风土记》：九日[2]以茱萸插头，可辟恶。

【注释】

① 吴茱萸：吴茱萸又名吴萸，性温，味辛苦，有小毒，与同为中药材的山茱萸不同。

② 九日：指的是重阳日，即农历九月初九日。

【译文】

《寿世青编》说：吴茱萸可以医治体寒、心痛、腹胀等病症。《千金翼方》中所记录的用酒煮茱萸的做法功效相同。在加米进行熬煮时，要选那些开口的，多多淘洗后才能食用。另外，还能去除风湿、医治中风抽掣、止痢。据周处《风土记》描述：农历九月初九日这一天把吴茱萸插在头上，能辟邪祟，消除瘟病。

常山[1]粥

《肘后方》：治老年久疟。秫米同煮，未发时服。按：兼治水胀，胸中痰结[2]，截疟[3]乃其专长。性暴悍，能发吐。甘草末拌，蒸数次，然后同米煮，化峻厉为和平也。

【注释】

① 常山：虎耳科落叶灌木，一般以根入药。能医治疟疾病，但容易导致呕吐，所以必须搭配镇呕止吐的药。

② 痰结：痰液结块。

③ 截疟：经外奇穴名。

【译文】

《肘后方》说：常山可以医治老年疟疾（发病时间长、不容易根治的疾病）。将常山与秫米一同煮，在没有发病时就要服用。作者补注：它还能医治水胀、胸中痰结等疾病，截疟是它的专长。这种药物药性凶暴强悍，能使人呕吐。但如果将甘草末和常山搅拌均匀，再放进笼屉蒸几次，最后再与米一起煮，就能解决其药力过猛的问题，使药性温和、平稳。

白石英[1]粥

《千金翼方》“服石英法”：推碎，水浸，澄清。每早取水煮粥，轻身延年。按：兼治肺痰、湿痹[2]、胆黄[3]，实大肠。《本草衍义》曰：攻疾可暂用，未闻久服之益。

【注释】

① 石英：一种矿物，质地坚硬。其成分为二氧化硅，一般为乳白色，无色透明的就是水晶。

② 湿痹：湿邪引起身体疼痛。

③ 胆黄：黄疸。

【译文】

《千金翼方》里记录“服石英法”：就是将石英打碎，再浸泡在水里，静放使浸水清澈。每日早上取澄清的浸水煮粥，可以使身体去除浊物而延年益寿。作者补注：还能医治肺痿、湿痹、胆黄等病症，使得大肠变得紧实厚重。《本草衍义》上有论述：医治突发疾病可以临时使用，但没有听说长期服用会有好处。

紫石英粥

《备急方》：治虚劳惊悸。打如豆，以水煮取汁作粥。按：兼治上气、心腹痛、咳逆邪气[1]。久服温中。盖上能镇心，重以去怯也。下能益肝，湿以去枯也。

【注释】

① 咳逆邪气：咳嗽、喘促、胸闷气急。

【译文】

《备急方》说：紫石英可以治虚劳、心悸、气短。将紫石英打碎成豆粒大小，再用水煮，取留下的汁液做粥。作者补注：它能医治气息急促、心绞痛以及咳逆邪气的病症。长期食用可以使腰腹部暖和。上可以平肺心邪气，治疗惊悸心慌，下可以滋润养护肝脏，医治津枯血燥等症。

慈石[1]粥

《奉亲养老书》：治老人耳聋。推末，绵裹，加猪肾煮粥。《养老书》又方：同白石英水浸露地，每日取水作粥，气力强健，颜如童子。按：兼治周痹[2]风湿，通关节，明目。

【注释】

① 慈石：即磁石。可以镇静、安神，属于磁铁矿矿石，呈铁黑色。

② 周痹：病名，也叫风痹症，是由风邪侵袭而造成肢体关节疼痛或麻木的疾病。

【译文】

《奉亲养老书》说：慈石可以治疗老人耳聋疾病。将慈石打成粉末状，再用细棉布包裹住，加猪肾一同煮粥。《养老书》里又有一方：将慈石与白石英一起在没有遮挡的地方浸水，每天取水用来煮粥食用，能使人力气强健，面容好似童子。作者补注：还能治疗周痹寒湿，通络关节，明目。

滑石粥

《圣惠方》：治膈上烦热。滑石煎水，入米同煮。按：兼利小便，荡胸中积聚，疗黄胆[1]、石淋[2]、水肿。《炮炙论》曰：凡用研粉，牡丹皮同煮半日，水淘曝干用。

【注释】

① 黄胆：皮肤发黄的症状，即黄疸。

② 石淋：疾病名。小便涩痛，尿出结石。

【译文】

《圣惠方》说：滑石可以治疗膈上烦热的疾病。做法是将米和滑石一起放到盛水的锅中熬煮。作者补注：它还能通小便，清除胸中郁积，治疗黄胆、石淋、浮肿。《炮炙论》载：将滑石研磨成粉末，倒进牡丹皮一同煮半天，用水淘洗干净后，再将它们晒干备用。

白石脂[1]粥

《子母秘录》[2]：治水痢不止。研粉和粥，空心服。按：石脂有五种，主治不相远。涩大肠、止痢居多。此方本治小儿弱不胜药者，老年气体虚羸亦宜之。

【注释】

① 白石脂：硅酸盐类矿物，养肺气，厚肠，补骨髓，疗五脏惊悸不足。

② 《子母秘录》：唐代张杰撰。

【译文】

《子母秘录》说：白石脂可以治疗水痢不止。将白石脂研磨成粉末倒进粥里，空腹服用。作者补注：石脂有五种，但主治效果差不多。主要是涩大肠、止痢疾的。此粥方应用于小孩子体弱不能承受一般止泻药的猛力，同样对衰弱的老年人也是适用的。

葱白粥

《小品方》[1]：治发热头痛。连须和米煮，加醋少许，取汗愈。又《纲目》方：发汗解肌[2]，加豉。按：兼安中，开骨节，杀百药毒。用胡葱良。不可同蜜食，壅气害人。

【注释】

① 《小品方》：东晋时陈延之所撰写的方书，也叫《经方小品》，共计12卷。

葱

选自《本草图谱》 ［日］岩崎灌园 收藏于日本东京国立国会图书馆

葱在古代属于荤物，并且人们常吃。杨倞注："荤，葱薤之属也。"

② 发汗解肌：通过用各种方法解决由于风寒外邪侵袭机体导致的腠理闭塞，肌肉僵、疼、酸的具体方法。

【译文】

《小品方》说：葱白可以治疗发烧头痛。煮粥时连葱须和米一同煮，再加少许的醋。吃了这种粥，待到出汗后身体会很轻松。又有《本草纲目》粥方所述：加进豆豉，就能达到发汗解肌的效果。作者补注：也能安和脾胃，伸展骨节，更能解除药物的毒性。如果用胡葱来煮粥，效果更好。但是葱白粥不可以和蜜一起吃，食后会腹脘胀满不适。

莱菔[1]粥

《图经本草》[2]：治消渴。生捣汁煮粥。又《纲目》方：宽中下气。按：兼消食去痰止咳，治痢，制面毒。皮有紫白二色。生沙壤者大而甘，生脊地者小而辣。治同。

【注释】

① 莱菔：萝卜。

② 《图经本草》：宋代苏颂等人编纂。

【译文】

《图经本草》说，莱菔可以治疗消渴症。把生的莱菔捣成汁后煮粥。《本草纲目》上记载：莱菔可以宽中下气。作者补注：吃莱菔粥可以起到消食、去痰、止咳的作用。同时，莱菔可以治疗痢疾，抑制面毒。莱菔的皮有两种颜色，一种是紫色，一种是白色。长在沙质土壤上的莱菔又大又甜，长在贫瘠的土壤上的莱菔则又小又辣，但是疗效相同。

莱菔子粥

《寿世青编》：治气喘。按：兼化食除胀，利大小便，止气痛。生能升，熟能降。升则散风寒，降则定喘咳。尤以治痰治下痢厚重有殊绩。水研滤汁加入粥。

【译文】

《寿世青编》上说：莱菔子治疗气喘。另外，莱菔子还能化解积食、治腹胀，使大小便顺畅，顺气并治由气滞导致的腹痛。生莱菔子具有发散、透疹解表等作用，熟莱菔子具有收敛、渗利等作用。升可以消散风寒，降则可以平定喘咳。尤其是对治疗痢疾特别是下痢厚重的症状有明显疗效。粥的做法是将研磨过滤的汁液再放到粥里。

菠菜粥

《纲目》方：和中润燥。按：兼解酒毒，下气止渴。根尤良。其味甘滑。《儒门事亲》[①]云：久病大便涩滞不通及痔漏[②]，宜常食之。《唐会要》[③]：尼波罗国[④]献此菜。为能益食味也。

【注释】

① 《儒门事亲》：金代张子和撰写的一部综合性医书。

② 痔漏：指痔疮合并肛漏者。痔与漏为见于肛门内外的两种不同形状的疾患。凡肛门内外生有小肉突起为痔。凡孔窍内生管，出水不止者为漏；生于肛门部的为肛漏，又名痔瘘。明方贤《奇效良方》卷五十一："初生肛边成瘟，不破者曰痔，破溃而出脓血、黄水，浸淫淋漓而久不止者曰漏也。"

③ 《唐会要》：类书，北宋初王溥撰。

④ 尼波罗国：即今尼泊尔。

【译文】

《本草纲目》说：菠菜能和中润燥，即具有养血止血、敛阴润燥等作用。作者补注：还能解酒毒，下气止渴。菠菜的根部营养更佳。菠菜味道甘甜顺滑。《儒门事亲》中说：如果长期患病，有大便不通及痔漏等疾病，适合长期食用。《唐会要》载尼波罗国将菠菜作为贡品传入中国。菠菜能够增加饮食味道。

甜菜粥

《唐本草》[①]：夏月煮粥食。解热，治热毒痢[②]。又《纲目》方：益胃健脾。按：《学圃录》[③]：甜本作菾[④]，一名莙荙菜。兼止血，疗时行壮热。诸菜性俱滑，以为健脾，恐无验。

【注释】

① 《唐本草》：唐苏敬等人撰写，是《新修本草》的简称，是世界上第一部由国家颁布的药典。

② 热毒痢：病名，是突然受暑湿热毒所引起的痢疾。

③ 《学圃录》：金受昌撰。

④ 菾（tián）：菾菜，今作甜菜。一名莙荙（jūn dá）菜。

【译文】

《唐本草》说：夏天煮甜菜粥食用，能够解除燥热，治疗热毒痢。《本草纲目》也说它有利于健脾养胃。作者补注：《学圃录》说："甜"本作"菾"，一名"莙荙菜"。它还能止血，治疗流行性壮热（壮热指高热不退）。这一类菜性口感顺滑，可以强健脾胃，并没有得到确证。

秃根菜粥

《全生集》[①]：治白浊。用根煎汤煮粥。按：《本草》不载。其叶细绉，似地黄叶，俗名牛舌头草，即野甜菜。味微涩、性寒，解热毒。兼治癣。《鬼遗方》云：捣汁，熬膏药贴之。

【注释】

① 《全生集》：即《外科证治全生集》，又名《外科全生集》。外科著作，清王洪绪（维德）撰，刊于1740年，共4卷。

【译文】

《全生集》说：秃根菜可治疗白浊。用秃根菜的根部煎制汤汁熬粥。作者补注：《本草纲目》中没有记载。秃根菜的叶子细长且皱卷，跟地黄叶很像，俗名叫牛舌头草，就是野甜菜。秃根菜口味稍微有些苦涩、性寒凉，能解除毒热。它也能治疗癣病。《鬼遗方》上记载了具体方法：将秃根菜捣烂取汁，熬成膏药，再贴皮肤上长癣处。

芥菜粥

《纲目》方：豁痰辟恶。按：兼温中止嗽，开利九窍。其性辛热而散耗人真元。《别录》谓能明目，暂时之快也。叶大者良，细叶而有毛者损人。

【译文】

《本草纲目》记录的方子：芥菜可以燥湿化痰，祛除瘟病。作者补注：它还能温中止咳，使九窍通畅。它的药性属辛辣温热，并且能耗散人的真元。《别录》上说，吃了它便能让眼睛明亮，可这只是暂时缓解，不能根治。荠菜叶子比较大的就好，叶子细长有毛的就不利于人的健康。

韭叶粥

《食医心镜》：治水痢。又《纲目》方：温中暖下。按：兼补虚壮阳，治腹冷痛。茎名韭白，根名韭黄。《礼记》谓韭为丰本，言美在根，乃茎之未出土得。治病用叶。

【译文】

《食医心镜》中说：韭菜叶可以治疗痢疾。《本草纲目》也说它有药用价值：温暖脾胃腹。作者补注：韭菜叶也能同时滋补虚损及壮大阳气，治疗腹泻、腹痛和发凉的症状。它的茎部叫作韭白，根部叫作韭黄。《礼记》里记录韭菜为丰本，讲明韭菜的精华在于它的根部，就是指茎还未从土中出来时的那一部分。不过，治疾病时就需要韭菜叶子了。

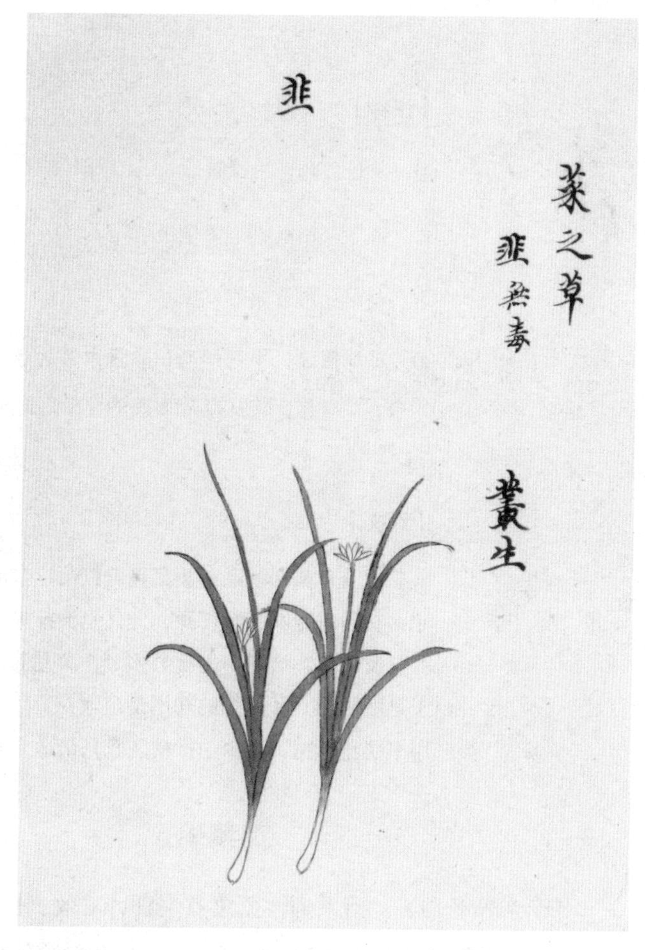

韭菜

选自《中国自然历史绘画·本草集》19世纪彩印本　佚名

韭子粥

《千金翼》：治梦泄[①]、遗尿[②]。按：兼暖腰膝，治鬼交甚效，补肝及命门[③]，疗小便频数。韭乃肝之菜，入足厥阴经[④]。肝主泄，肾主闭。止泄精尤为妙品。

【注释】

① 梦泄：睡梦中遗精。

② 遗尿：睡眠中小便遗出。

③ 命门：两肾间的穴位。

④ 足厥阴经：中医学名词。据中医的经络学说，人体内有十二经脉，其一即是足厥阴肝经，简称“足厥阴经”。

【译文】

《千金翼方》说：韭菜籽可以治疗梦泄、遗尿。作者补注：它同时能够温暖腰膝，尤其是治疗鬼交特别管用，补养肝脏及命门，治疗小便次数多。韭菜是养护肝脏的菜，它属于足厥阴经。肝主要的功用是疏泄，肾主要的功用是封藏。用来防止遗精（睡梦中排精）它是最适宜的了。

苋菜粥

《奉亲养老书》：治下痢，苋菜煮粥食，立效。按：《学圃录》：苋类甚多。常有者白紫赤三种。白者除寒热，紫者治气痢，赤者治血痢。并利大小肠。治痢初起为宜。

【译文】

《奉亲养老书》说：治下痢，可以用苋菜煮粥吃，而且会立刻见效。作者补注：《学圃录》有记载说：苋的品种非常多。常见的有白、紫、红三种，功效各不相同，白色的苋菜可以消除寒热，紫色的能治痢疾，红色的用来治血痢。都对大肠、小肠有好处。治疗痢疾初犯时最有效。

鹿肾粥

《日华子本草》：补中安五脏，壮阳气。又《圣惠方》：治耳聋。俱作粥。按：肾俗名腰子，兼补一切虚损。麋类鹿，补阳宜鹿，补阴宜麋。《灵苑记》[①]有鹿补阴、麋补阳之说，非。

【注释】

① 《灵苑记》：北宋科学家、文学家沈括撰写。

【译文】

《日华子本草》说：鹿肾具有补养中气、强壮阳气且平五脏的功能。另外《圣惠方》也说：鹿肾可以医治耳聋。两种药书中鹿肾的用法都是拿它来熬粥。作者补注：肾的俗称是腰子，鹿肾可以疗补一切有关虚损的病症。麋跟鹿很相像，但滋补阳气适合用鹿，滋补阴气适合用麋了。《灵苑记》中有“鹿补阴、麋补阳”的说法是错的。

羊肾粥

《饮膳正要》[①]：治阳气衰败、腰脚痛。加葱白、枸杞叶，同五味煮汁[②]，再和米煮。又《食医心镜》：治肾虚精竭，加豉汁五味煮。按：兼治耳聋脚气。方书每用为肾经引导[③]。

【注释】

① 《饮膳正要》：营养学专著，元忽思慧撰，成于元朝天历三年（1330年），共3卷。

② 五味：中药学名词。即辛、甘、酸、苦、咸等功能药味的统称。

③ 方书每用为肾经引导：医方中常用羊肾作为引子，使其他药能入肾经之中。

【译文】

《饮膳正要》说：羊肾可以治疗阳气衰、腰脚痛。加葱白、枸杞叶，调好五味一起煮成汁后，再加入米煮粥。又《食医心镜》说：治肾虚精竭，加豉汁及五味一起煮。作者补注：羊肾粥同时可以治疗耳聋、脚气。医方中常用羊肾作为引子，使其他药能入肾经之中。

猪髓粥

慈山参入。按《养老书》：猪肾粥加葱，治脚气。《肘后方》：猪肝粥加绿豆，治溲涩，皆罕补益。肉尤动风，煮粥无补。《丹溪心法》：用脊髓治虚损补阴，兼填骨髓，入粥佳。

【译文】

（猪髓粥是）曹慈山加入的方子。《养老书》说：猪肾粥加上葱可以治疗脚气。《肘后方》中说：猪肝粥加上绿豆，可以治溲涩（小便不畅），都没有多大的补益作用。食用猪肉特别能够引起风病，如果煮粥的话是无法实现滋补作用的。据《丹溪心法》所述：可以用动物脊髓治疗虚损、滋阴，吃髓补髓，用它来煮粥益处多多。

豝猪

选自《诗经名物图解》册

［日］细井徇　收藏于日本东京国立国会图书馆

猪肚粥

《食医心镜》：治消渴饮水。用雄猪肚煮取浓汁，加豉作粥。按：兼补虚损，止暴痢，消积聚。《图经本草》曰：四季月宜食之。猪水畜而胃属土，用之以胃治胃也。

【译文】

《食医心镜》说：猪肚可以治糖尿病。用雄猪的猪肚进行熬煮，取出浓汤汁，加豆豉一起熬粥。作者补注：它同时能够调补虚损，止重症痢疾，消除积聚症状。《图经本草》上说：适宜在三、六、九、十二月食用。猪五行偏水，而胃在五行中又属土，喝猪肚粥就是用胃治疗胃病。

卖猪肉

选自《清国京城市景风俗图》册　（清）佚名　收藏于法国国家图书馆

羊肉粥

《饮膳正要》：治骨蒸久冷。山药蒸熟，研如泥，同肉下米作粥。按：兼补中益气，开胃健脾，壮阳滋肾，疗寒疝。杏仁同煮则易糜，胡桃同煮则不容易煮烂，铜器煮损阳。

【译文】

《饮膳正要》说：羊肉粥可以治疗阴虚潮热及久冷。将山药蒸熟后，研磨成泥状，再放进羊肉和米一同煮粥。作者补注：同时能补充中气的不足和提气，健脾开胃，滋补肾虚、强壮阳气，治疗急性腹痛。加入杏仁与羊肉容易煮成糜糊，而加入胡桃一同煮就不易软烂，如果用铜器熬制则会损失营养成分，起不到补阳的效果。

羊肝粥

《多能鄙事》[①]：治目不能远视。羊肝碎切，加韭子炒研，煎汁，下米煮。按：兼治肝风、虚热、目赤及病后失明。羊肝能明目，他肝则否，青羊肝尤验[②]。

【注释】

① 《多能鄙事》：传为明代刘基撰写。

② 青羊肝尤验：青羊肝对明目特别有效。

【译文】

《多能鄙事》上说：羊肝可以治疗眼睛不能看远处（即近视）。将羊肝切碎，加上韭菜籽，边炒边研碎，煎煮后取出汤汁，放进米里一同煮粥。作者补注：同时可以治疗肝风、虚热、眼结膜充血及病后失明。羊肝可以明目，让眼睛视力变好，其他动物的肝则不能明目，青羊的肝对于明目更有效。

羊脊骨粥

同《千金·食治方》[①]：治老人胃弱。以骨推碎，煎取汁，入青粱米煮。按：兼治寒中羸瘦，止痢补肾，疗腰痛。脊骨通督脉[②]，用以治肾，尤有效。

【注释】

① 《千金·食治方》：唐代孙思邈所著。就是《备急千金要方》中“食治”的方子。

② 督脉：中医学名词。据中医学说，人体中有奇经八脉，人背后正中线上的督脉是最主要的经络。

【译文】

《千金·食治方》说：羊脊骨粥可以治疗老人胃弱症。将羊脊骨打碎，煎熬后提取它的汤汁，再放入青粱米一同熬粥。作者补注：兼治身体寒凉，体质羸弱，还可以止痢疾、补肾气，治疗腰痛。由于脊骨有通督脉的作用，对治疗肾病效果显著。

犬肉粥

《食医心镜》：治水气鼓胀，和米烂煮，空腹食。按：兼安五脏，补绝伤，益阳事，厚肠胃，填精髓，暖腰膝。黄狗肉尤补益虚劳。不可去血，去血则力减，不益人。

【译文】

《食医心镜》说：犬肉可以治水气鼓胀，可以将犬肉和米一同煮烂，适合空腹时食用。作者补注：还可以让五脏协调，补养伤重的人，增强阳事的能力，益肠胃，固精髓，温暖腰膝。尤其是黄狗肉对气血亏损造成的身体虚弱有很好的补益作用，但如果丢掉狗血的话药力锐减，对人就没有好处了。

麻雀粥

《食治·通说》：治老人羸瘦，阳气乏弱。麻雀炒熟，酒略煮，加葱和米作粥。按：兼缩小便，暖腰膝，益精髓。《食疗本草》曰：冬三月食之，起阳道。李时珍曰：性淫也。

【译文】

《食治·通说》说：麻雀可以治疗老人身体瘦弱，阳气匮乏。将麻雀炒制熟透，加点酒稍微煮下，再加入葱和米与麻雀一同熬粥。作者补注：可以减少小便次数，温暖腰和膝，有益于精髓。《食疗本草》上说：如果冬天吃它三个月，那么能让男性生殖器变得容易勃起。李时珍也说：麻雀增强性功能。

麻雀

选自《本草图谱》　[日]岩崎灌园　收藏于日本东京国立国会图书馆

鲤鱼粥

《寿域神方》[①]：治反胃。童便浸一宿，炮焦，煮粥。又《食医心镜》：治咳嗽气喘，用糯米。按：兼治水肿、黄疸，利小便。诸鱼唯此为佳。风起能飞越，故又动风[②]，风病忌食。

【注释】

① 《寿域神方》：明代一个叫臞仙的人所撰写。

② 动风：动则生风。中医上讲的“风”分为“内风”和“外风”，“内风”多因人体阴阳不调导致的“肝阳上亢”而引发心脑血管疾病。“外风”多因体弱而外感风寒。

【译文】

《寿域神方》记载：鲤鱼可以治疗反胃。拿男童的小便将鲤鱼浸泡一夜，再煎烤得四面焦黄，然后熬粥。《食医心镜》中也说：它可主治咳嗽气喘，就是加进糯米，糯米与鲤鱼一同熬粥。作者补注：还可以治疗水肿、黄疸，利小便。在所有鱼类里，只有鲤鱼有这样的功效。但有禁忌，由于鲤鱼能飞跃，跃动带风，本身就有风病的患者不能吃鲤鱼了。

后　记

有煮粥方，上中下三品，共百种。调养治疾，二者兼具，皆所以为老年地[①]，毋使轻投攻补耳[②]。前人有《食疗》《食治》《食医》及《服食经》《饮膳正要》诸书，莫非避峻厉以就和平也。且不独治疾宜慎，即调养亦不得概施。如“人参粥”亦见李绛《手集方》，其为大补元气，自不待言，但价等于珠，未易供寻常之一饱。听之有力者，无庸抚入以备方。此外所遗尚多，岂仅气味俱劣之物，亦有购觅难获之品，徒矜博采[③]，而无当于用，奚取乎？兹撰《粥谱》，要皆断自臆见。合前四卷，足备老年顾养。吾之自老其老，恃此道也。乃或传述及之，不无小裨于世。谬妄之讥，又何敢辞。

是岁季冬月之三日慈山居士又书于尾

【注释】

① 地：也就是“也”。

② 毋使轻投攻补耳：攻、补，讲的都是中医的基本治病方法。不要轻易投用攻、补类的药物。

③ “徒矜（jīn）博采”句：矜，自夸。奚，反诘疑问词，有什么。徒夸广泛收录粥方却并不适用，这种做法有什么可取呢？

【译文】

本书所列举的煮粥的配方，合计有一百种，分上、中、下三品。既能调理保健，又能防治疾病。都是专门为老年人量身定做的，也提醒老年人不要随便吃攻、补类药物。古代有《食疗》《食治》《食医》《服食经》及《饮膳正要》这些书作为佐证，都懂得避开药性猛烈的药物而去寻求平和无副作用的食疗。再说不光是治疗疾病时要小心对待，即便是保养身体也不能片面地、无目标地使用。李绛的《手集方》里录有“人参粥”。“人参粥”肯定是大补元气的粥，但是它的价钱就相当于买珍珠了。太贵又不实用，更不能常吃常用。看上去类似这样的粥方确实不错，但是却不用辑录进来，此外，还有很多我没有取用的粥方。不光是气味、味道都不太好的东西有很多，即便是气味和味道都不错的粥方，也有很难购买、很难得到这个问题。只自鸣得意手所收录的粥方广博，却没什么实际操作的可能，能拿来用吗？这次撰写《粥谱》，也都出于我本人的取舍和意见。结合前四卷所写，老年人养生就足够用了。就连我本人安享晚年，也是依据这些养生之道。所以特意将它们记述留传下来，也算是对这个世界做一点小小的贡献了。纵使因此遭到嘲讽和取笑，也不足惜。

慈山居士，写于书尾，是岁季冬月之三日。

素食说略

〔清〕薛宝辰 撰

自　序

夫其脯干脍湿[1]，罗几案以重珍；濡[2]鳖蒸羔，佐盘餐以兼味[3]。食指动而频染[4]，朵颐[5]纷其可观。心或未厌，腹诚不负矣[6]。虽然，逼砧斧[7]而碎胆，临鼎镬[8]以危心。人物之灵蠢则殊，生死之喜畏则一。操刀必试，惨矣！屠门夜半之声；毂[9]转无停，悲哉！元长[10]羹中之肉。生机贵养，杀戒宜除[11]，宁有待与？未可缓也。是则于百味绝其腥鲜，即众生捐其苦恼。竟谢肉食之鄙[12]，咸以蔬飧[13]为宜。皤发放翁[14]，喜蒸壶[15]如鸭之烂；青阳少宰[16]，致豆腐有羊之名[17]。遂陈雅供于斋[18]厨，仍食人间之烟火[19]。何事烹肥割胾[20]，得俄顷之甘腴[21]；致令水畜山禽，罹[22]无穷之惨劫。惟是肥脂为恒情所同嗜，淡泊非尽人所能甘回[23]。必使强以所难，或且视以为苦。然而烹调果挟妙法，治具诚有殊能。虽无禁脔侯鲭[24]，识味或同于滋膳；只此畦蔬园蔌[25]，致餐竟美于珍羞。简淡者固无不可以乐从，馋饕[26]者或亦相率而变计矣。于是技擅烹煎，如缁[27]韦巨源之《食谱》；气涵芬馥[28]，俨披杨万里之蔬经[29]；菔儿芥孙[30]，不逊何曾之饱[31]；烟苗雨叶，仍充薛包[32]之饥。馩馧[33]四溢于齿牙，芳洁清其肠胃。扪腹而有余饫[34]，宁殊凫臛熊蹯[35]；适口而无覆荤，衹此青菘[36]紫苋。蔬笋[37]自饶风味，佐颐养[38]以清供。禽一任飞潜，得眼前之生趣。增口福以清福，俾[39]素飧如盛飧。愿师德士之伊蒲[40]，同炊蔬饭；敢籍幽人之不律[41]，聊[42]贡刍词。

丙寅年春二月清明前三日　薛宝辰

【注释】

① 脯(fǔ)：此处指肉类。干肉、熟肉，或干果。脍(kuài)：细切的肉。

② 濡(rú)：《礼记·曲礼》：“濡肉齿决。”郑玄注：“濡，烹之以其汁调和也。”

③ 兼味：两种以上的食物。

④ 食指动而频染：《左传》：“楚人献鼋（大龟）于郑灵公。公子宋与子家将见（郑灵公）。子公之食指动，以示子家，曰：‘他日我如此，必尝异味。’及入，宰夫将解（宰杀）鼋，相视而笑。（郑灵公）问之，子家以告。及食大夫鼋，召子公而弗与（给）也。子公怒，染指于鼎，尝之而出。”“食指动而频染”可以理解为一直能吃到好的食物。

⑤ 朵颐：朵，动。颐，面颊。面颊动，口腔咀嚼的样子。

⑥ 心或未厌，腹诚不负矣：意思就是心里没有完全满足，但是肚子已经负担不了了。

⑦ 砧（zhēn）：也作“椹”，切、砍、砸东西时垫在物体下面的用具，古人将捣衣石称作“砧”。这里指切肉用的垫板。斧：指刀。

⑧ 鼎镬(dǐng huò)：鼎有三足或四足，大都是青铜做成的，最初是炊器，后多作为礼器。镬是古代的一种没有脚的鼎，是一种烹饪器。

⑨ 毂（gǔ）：是指车轮的中心部分，中间有圆孔，能插入

车轴。本文中可以理解为进出屠宰场的车。

⑩ 元长：宋徽宗时的户部尚书兼中书侍郎蔡京的字。据《碧溪诗话》记载，“蔡元长既贵，享用修靡，喜食鹑，每膳杀千余”，故有“作君羹中肉，一羹数百命”之说。意思是为了奢靡的生活，杀生无数，已达到令人发指的程度。

⑪ 杀戒宜除：应该禁止杀生。

⑫ 鄙：“肉食者鄙”，典出《左传》“曹刿论战”，意思是身居高位享厚禄的人目光狭隘短浅。

⑬ 飧（sūn）：简单的吃食，多指晚饭。

⑭ 皤（pó）：老人头发白。放翁：宋代诗人陆游中年入蜀后自号放翁。

⑮ 壶：瓠瓜。

⑯ 青阳：地名。少宰：县令被叫作宰官，“少宰”就是小于县官的称谓。时戢当时任县丞。

⑰ 致豆腐有羊之名：致，因而。《清异录》：“时戢为青阳丞，洁己勤民，肉味不给，日市豆腐数个，邑人呼豆腐为小宰羊。”意思是时戢做了县丞，清正廉洁，天天不吃肉食，只吃集上的豆腐。

⑱ 斋：素食。

⑲ 烟火，道家称熟食为烟火食。

⑳ 胾（zì）：大块的肉。

㉑ 腴（yú）：肥美、丰美。

㉒ 罹（lí）：罹患。遭遇不幸的事。

㉓ 甘回：并不是所有的人都能享受到淡薄菜蔬的回甘之美。

㉔ 禁脔（jìn luán）侯鲭（qīng）：脔，把肉切成小块。禁脔：皇家专烹的肉，典出《世说新语》。鲭，鱼和肉合烹而成。侯鲭，指五侯鲭，精美的荤菜，晋元帝即位前，镇守今南京的时候，库中财力不足，每次得到一头猪，因猪的项上肉味极美，都留给晋元帝，别人都不敢吃。

㉕ 蔌（sū）：蔬菜的总称。

㉖ 饕（tāo）：贪食。

㉗ 繙（fān）：同“翻”。韦巨源：唐京兆万年人。做尚书令左仆射时，曾在其家为唐中宗设“烧尾宴”。“烧尾宴”是指升官时用来款待来家祝贺的亲戚朋友的宴会。韦巨源的“烧尾宴”，所有菜品可以说是唐朝比较上档次的菜了，可谓是菜中精品。

㉘ 馥（fù）：香气。

㉙ 俨（yǎn）：严肃恭敬地。披：打开。杨万里：南宋诗人。

㉚ 菔儿芥孙：苏轼有句诗说：“芦菔生儿芥有孙。”意思是形容农作物繁茂的状态。芦菔即莱菔，指萝卜。芥，芥菜。芥菜种子味辛辣，研成细末，用来调味。

㉛ 何曾：西晋大臣。他生活非常浪费，每天都要消费很多，还说“无下箸处”。

㉜ 薛包：东汉汝南人。他重视亲族孝悌，并且以安贫乐道

闻名。

㉝ 馪馧：香。

㉞ 饫：饱。

㉟ 凫（fú）：水鸟名，俗称“野鸭”。臛（huò）：肉羹。熊蹯（fán）：熊掌。

㊱ 菘（sōng）：白菜。

㊲ 蔬笋：素食。

㊳ 颐养：保养。

㊴ 俾（bǐ）：使，从。

㊵ 德士：和尚。《释门正统》：“宋宣和六年，诏革释氏为金山，菩萨为大士，僧为德士。”伊蒲，即优婆塞、伊蒲塞。《后汉书》：“以助伊蒲塞桑之盛馔。”在此处的伊蒲指伊蒁馔，即佛寺的素筵。《名山记》：“谢东山游鸡足山记曰：‘山之绝顶一僧，洛阳人，留供食，所具皆佳品。’予谓野亭曰：‘此伊蒲馔也。’”

㊶ 幽人：指幽居的隐士。不律：笔的别名。

㊷ 聊：姑且。刍（chú）词；草野、粗鄙之人的说辞，后人将其理解为浅显的说法，也可以理解为自谦的意思。

【译文】

人们将大鱼大肉罗列满桌，尽是珍贵的肴馔，还有煮鳖蒸羊，更增加了多种美味。不断地吃着好的食物，不断蠕动两颊咀嚼着，还想多吃些，无奈肚子确实再装不下了。

可是，禽畜在被宰杀时吓得肝胆裂碎；快要下锅时也胆战心惊。人和禽畜的聪明和愚笨有所不同，但贪生怕死的心理却是一样的。真惨啊！屠夫总不能放下屠刀，屠宰场夜半不断传出禽畜的哀号；可悲啊！进出屠宰场的车轮不停转动，蔡京一次宴客就送掉一千多只鹌鹑的性命。生命可贵，杀生须戒。这怎么能等待呢？实在不应该再拖延了。

这样，如果在一切食物中绝不用荤腥，世界上的生灵就可以免除很多痛苦；谢绝肉食者的鄙陋，那么素食无疑就是最好的选择了。老年的陆游，喜欢把瓠瓜蒸得烂熟当作蒸鸭一样吃；时戢担任青阳丞的时候，每天吃豆腐都可以媲美羊肉。这样，斋厨中都是清素的食品，也都是人间的熟食，何必一定要烹煮肥腻的食物，吃大块的肉，追求片刻的口腹之快，而使得水陆生灵没一个幸免于难呢？

自然，喜欢吃肥美的肉食，这是所有人都可以理解的事情，享受清淡饮食回甘之妙并不是所有人都能够做到的。如果非要强迫人们去吃自己不喜欢吃的东西，这肯定是一种痛苦。但是，如果你掌握了做素菜的烹调方法，知道做菜确有特殊的技巧，那么，即使不是像禁脔和五侯鲭那样的美味佳肴，也能做出差不太多的味道。就算是一般蔬菜做成的素席，吃起来也比那些全部是肉的珍馐好吃。习惯于吃素的人，固然无论怎样都行，就连那些老饕们也会跟着改变原来吃荤的爱好了。所以说，擅长烹调，就可以再现韦巨源《食谱》中的珍馐；闻到素食中蕴含的芬芳，这简直如同打开杨万里的蔬菜食单一样：脆嫩的萝卜、芥菜，并不比那些需要花很多钱做成的肉食差；肥美的菜苗，足以使品德高尚的薛包填饱肚子。浓郁的菜香能够芬芳牙齿，爽洁的味道能够清理肠胃。肚子能吃得饱饱的，不是也同吃一些鸭羹熊掌之类的一样吗？味道不错，但是没有腥膻之气的就只有这些白菜、苋菜了。蔬菜本来就是别有一番风味的，它们提供了很清爽的味道，还可以保养身体。就让那些飞禽鱼虾尽情地飞翔和潜游吧，我们也可以欣赏到大自然生机勃勃的乐趣。用素食来增加人们的清福，素食亦盛宴。所以，我愿意学习一下僧人佛寺中的伊蒲馔，一起做素食；我冒昧地借用隐逸者的笔，权且献上自己粗浅的文字。

例 言

肉食者鄙，夫人而知之矣；鸿材硕德[1]，未有不以淡泊明志者也。士欲措[2]天下事，不能不以咬菜根[3]者勉之。至于坚固善本[4]，具足檀那[5]，其戒杀、不茹荤酒，持律大都如是，无庸饶舌[6]。

“莫不饮食，鲜能知味。”圣言非无故也。饮食之味，能适于口，饮食之精，始获有益于体，非第[7]求其甘美而已，然非于甘美求之，其精者胡以寓[8]焉？烹调之法，固不可以不讲求也。

日餍肥脓[9]，而劝以蔬飧，似强人以所难。虽然，同一露苗雨甲[10]，而调治如法，味或等于珍馐，亦易从也。余固非于阇黎钟[11]前，为“香积厨[12]说”作法也，或者招提、精舍[13]，见采择焉，又余之所深愿也。

余足迹未广，惟旅京为最久。饮食器用，大致以陕西、京师为习惯，而饮食尤甚。故所言作菜之法，不外陕西、京师旧法。

此编所列菜蔬，俱习见及予尝食者，其难得者缺焉。如莼菜、雍菜、贾达罗勒[14]之类，非不屡食，然非北土所生，故不采及。蔬菜、果蓏[15]，天所生以养人，宜熟宜生，各有专长。桃、梨、桔、柑，蒲桃[16]，苹果，色香与味俱臻绝伦。而食者以油炸之，以糖煮之，使之清芬俱失，岂非所谓暴殄[17]者乎？如此之类，概不采入。

烹、煎、炒、炙[18]，养生者所忌，以其火气重也。余谓茹荤者之烹、煎、炒、炙，火气诚重，其弊要在肉皆半生为，与脾胃无益，非尽在火气也。

若素菜，则止藉烹、煎、炒、炙以助其味，而绝无半生之弊，故详其法。

菜之味在汤，而素菜尤以汤为要。冬笋、摩姑，其汤诚佳，然非习用之品。胡豆[19]浸软去皮煮汤，鲜美无似。胡豆芽、黄豆芽、黄豆汤次之。惟莱菔与胡莱菔同煮作汤，最为浓腴。各菜皆宜，久于餐蔬者自知之。余编中所称高汤，指以上各汤而言。

酒为持斋者之大戒，以其能乱性也。余于蔬菜中应用料酒者，每言及之，以仅用少许，尚无大碍。且余此编，固非第为持斋者言之也，治具者斟酌用之可也。

畏死贪生，人物无异。"见其生不忍见其死"，子舆[20]氏之言，诚至言也。无罪而死，于家畜且恻[21]然矣。有一盂羹，而无数物命为废者焉！下咽以后，固属索然[22]。试思其飞潜动跃时，为何如？被捕获时，为何如？受刀椹[23]时，为何如？或亦有悽然不忍下箸[24]者乎？余固不能不以食蔬为同人劝也。世有大善知识[25]，以广长舌[26]为众生导师，回俾人人有不忍之心焉！尤余所岐望[27]已回。

丙寅春编者自识

【注释】

① 鸿、硕：有鸿大、硕大之说，都指"大"的意思。

② 措：安排、安置、办理。

③ 咬菜根：《见闻录》："江信民尝言：人常咬得菜根断，则百事可做。"指经历过艰苦的磨炼，才能修得处世智慧。

④ 坚固善本：善本也称德本、善根，即佛家说：无贪、无嗔、无痴。坚固善本，指那些佛教徒坚修固化此三善根。《维摩经·菩萨行品》："不惜躯命，种诸善根。"注：

“谓坚固善心，深不可拔，乃名根也。”

⑤ 具足檀那：指那些自己已有圆满结果、真诚布施众生的佛教徒。具足，佛教常用语。又称“大戒”，是僧人、尼姑应遵守的律条。修得圆满即是完全充足的，故名。檀那，梵语的音译，也叫陀那，布施的意思。

⑥ 饶舌：啰唆，絮叨，话多。

⑦ 第：无暇兼顾其他。

⑧ 寓：委托于希望。

⑨ 日餍肥脓：每日吃饱喝足，享受许多美味的东西。餍，吃饱、满足。

⑩ 雨：一般指植物初生时的名称。甲：草木生长在萌芽状态时的外皮。

⑪ 阇（shē）黎钟：即僧寺里的钟。阇黎，梵文译音，意为可矫正弟子行为的高僧之敬称，也泛指僧人、和尚。

⑫ 香积厨：佛教名词，指僧寺做饭的厨房。

⑬ 招提，寺院的别称。精舍：佛家修炼的场所。《晋书·孝武帝纪》：“帝初举佛法，立精舍于殿内，引诸沙门以居之。”

⑭ 贾达：何物不明。罗勒：也叫萝为，唇形科，产于我国南方。古代曾像吃芫荽一样，以其作为食品调味用，今用来提取香精等。

⑮ 果蓏（luǒ）：瓜果的总称。蓏，瓜类植物的果实。如果生在植物上，就叫作果；如果生在地上，就叫蓏。

⑯ 蒲桃：即葡萄。

⑰ 暴殄：任意浪费、糟蹋。

⑱ 炙（zhì）：烤。指用大火高温烹饪一种方法。

⑲ 胡豆：蚕豆。

⑳ 子舆：孟轲，字子舆。

㉑ 恻（cè）：忧伤。

㉒ 索然：乏味，毫无兴趣的样子。

㉓ 椹（zhēn）：同“砧”。

㉔ 箸（zhù）：筷子。

㉕ 大善知识：佛家语。指远恶好善，用高于常人的知识行善心的人。《华严经》：“葬知识者，是我师父。”

㉖ 广长舌：本意指佛的舌头，代指能言善辩。《华严经》：“菩萨以广长舌，一音中现无量音，应时说法。”又见《法华经·神力品》：“现大神力，出广长舌，上至梵世。”导师：大导师，佛菩萨的称号。因为他有无边的法力，可使众生超脱生死。《维摩经·佛国品》：“稽首一切大导师。”

㉗ 岐望：期望。“已”，可理解为“也”。

【译文】

众所周知，官运亨通的人大都是些品格低下的人；而那些道德高尚且有学识的人，往往淡泊名利，有节操和信仰。

凡是能成大事的有识之士，都以能咽得下菜根忍受贫苦激励自己奋发有为。至于崇信佛教，坚固善本的高僧大德，他们不杀生，不吃荤，不饮酒，平生严格持佛家戒律，大都如此，这些就用不着多说什么了。

“人没有不饮食的，但深深知晓食味的却很少。”仔细琢磨孔圣人这句话，真是奥义无穷。饮食要味道可口被人品尝后其精华营养才能被人体所吸收。这并不是单纯地追求甘美的味道，而是假如味道不够诱人，谁会吃它从而获得它的养分呢？所以，烹调是不可以不讲究的。

如果一个人每天都吃得饱饱的，还整天吃肥腻的东西，那么劝他吃素食，好像是强人所难。但是，同样是用蔬菜，如果烹调得法的话，味道也是非常诱人的，这时再劝人家吃，就容易被接受了。我不是站在寺钟前面替僧寺的“香积厨”做宣传，但是如果人们都愿意选择寺院的素斋，这是我一辈子最大的心愿！

我走过的地方不多，但是在北京住得挺久。我习惯的饮食和使用的器物，都具有一般北方的陕西和北京特色，尤其在饮食方面更是如此。所以，本书所谈的做菜方法，不外乎都是陕西和北京的传统方法。

本书所列举的菜蔬，都是常见的和我曾经吃过的，至于难以得到的，都没有加入进来。例如苑菜、蕹菜、贾达、罗勒这些菜，由于我没有长期吃，又不是北方产的，所以我没有列入。蔬菜瓜果，都是自然界生长供人食用的，适合熟食还是适合生吃，都各有它们的特点。桃、梨、橘、柑、葡萄、苹果，颜色、香气和味道都是顶级。可是这些新鲜的食材有人却用油炸、糖煮的方式烹调，属实是浪费它们的良好品质，这样烹调的办法，可以说都是不采用的。

烹、煎、炒、炙，是喜好养生的人非常忌讳的，因为这些烹调方法的火气都太重。我认为荤腥菜大多是烹、煎、炒、炙，所以火气的确很重。它的弊端主要在于肉都是半熟的，对脾胃没有任何益处，不仅仅全在火气上面。如果是素菜，大多是用烹、煎、炒、炙来助长它的味道，绝不会有半生半熟的弊端，所以在此详细记叙它们的烹调方法。

菜的味道体现在汤里，而素菜尤以汤为关键。冬笋、蘑菇的，它们的汤固然很好，但并不是平常就能吃到的。把蚕豆泡软去皮煮成汤，十分鲜美，无法比拟。蚕豆芽、黄豆芽和黄豆汤便比较差了。只有萝卜和胡萝卜一同煮成汤，味道才最醇厚且肥美。各种菜蔬都可以用来做汤，经常吃蔬菜的人是最清楚的。我编的这本书中所说的高汤，就是指的以上各种汤。

酒是吃素斋戒的人最大的戒律，因为酒能乱性。我在菜蔬烹调中用到料酒时，每次提到，都只用一点儿，没有什么大的妨碍。况且我编写的这本书，也不是专门给佛门弟子讲的，所以做素菜时用一些酒是可以的。

怕死贪生，人和动物没有什么不同。“看到它们活着时欢快的样子，不忍看到它们死去”，孟子这句话，真的是至理名言。家畜无罪，却让它死掉，这也是不忍心的啊。眼前有这么一盆羹汤，是用生命换来的，那么即使喝下去，也是食之无味的。你去想想，这些生物在飞翔游动的时候，到底是什么样子呢？如果它们被抓获了，又是什么样子呢？再如果，把它们送到刀案上，它们会怎么样呢？能想到这些的人肯定会为他们难过，不忍心动筷子吧。所以，还是吃素食吧。世界上若有像佛祖那样善于说理的人去引导大家，让大家都能生出恻隐之心，这是我尤其希望看到的。

卷　一

制腊水

腊月内，拣极冻日，煮滚水，放天井空处，冷透收存，待夏月制酱及造酱油用。此为腊水，最益人，不生蛆虫，且经久不坏。

【译文】

腊月里，选特别冷的天气，把水烧开，然后放在院子里。等到水冷却后贮存起来，到了夏天可以用它来制作酱和酱油。这是对人十分有益的腊水。这种腊水做的酱类食物不生虫子，放很久也不会坏。

造酱油

用大豆若干，晚间煮起，煮熟透。停一时，翻转再煮，盖过夜，次早将熟豆连汁取起，放筛内。俟汁滴尽，用麦面拌匀，于不透风处用芦席铺匀，将楮[①]叶盖好。三四日，俟上黄取出，晒略干，入熟盐水浸透。半月后可食。或再煮一滚，入坛内泥好，听用。每豆黄一斤，配盐一斤，水七斤。若是腊水酱豆，取起，收瓷坛内，经年不坏，再入茴香、花椒末更佳（原注：米半，蒲满切，屑米饼也。《荆楚岁时记》：“三月三日取鼠麦曲汁蜜和粉，谓之龙舌。”米半，取相和意，近人每书此字作拌字，音义全非）。

【注释】

① 楮（chǔ）：构树。

【译文】

准备一定量的大豆，在晚上开始煮，煮到大豆熟透为止。把熟透的大豆晾停一会儿，翻一下豆子，然后再次去煮，煮过之后放一夜，切记不能打开锅盖。等到第二天早上，将煮熟的豆子连着汤一起倒进筛子里，把汤汁控干净，加入麦面搅拌均匀，再找一个不通风的地方，把这些控干净的和着麦面的材料均匀地铺在芦席上，再用构树的叶子全部盖好。就这样放三四天，等到这些材料变成黄色后取出来，然后再晒，晒到微干的程度，把它们浸泡在烧开后的盐水里，半个月后就可以食用了。也可以把豆黄再煮开一次，把材料放在坛子里用泥封好，随时可取用。加工好的豆黄每斤配一斤盐，七斤水。如果用腊水煮大豆制作酱油，制作好的酱油保存在坛子里，隔年也不会坏。如果放入茴香、花椒末等调料，味道会更好。

造米醋

小米一斗[①]，煮成浓粥，倾入大缸，入酒曲末一斤许，和匀发[②]之。如嫌发迟，可加烧酒少许。俟发过起泡，以麦麸[③]和匀置大箩中。以厚被覆之，俟其发热，又复搅凉，再覆再搅，至尝之醋味甚浓，则成矣。

可入淋瓮淋之。头淋甚酽，二淋、三淋则渐淡矣。大瓦瓮于底之侧旁，穿一小孔，又削木锥以窒其孔。实醋料其中，以水浸之，俟醋味尽出，然后稍升木锥，令淋出。

【注释】

① 斗：约为十升。

② 发：发酵，借助微生物在有氧或无氧条件下的生命活动来制备微生物菌体本身、直接代谢产物或次级代谢产物的过程。

③ 麦麸：即麦皮，小麦加工面粉的副产品，麦黄色，片状或粉状。

【译文】

把一斗小米煮成浓粥后倒进一个大缸里面，放入一斤左右的酒曲末，把浓粥和酒曲末搅拌均匀，使它们发酵。如果嫌发酵时间过长，就稍微加一点烧酒。等到表面起泡后，再加入麦麸搅拌均匀，放在大箩筐里面。用厚被子盖在上面，等到它发热之后，就再搅拌它们，让它们变凉，这样反复几次，直到可以直接闻到浓郁的醋香，就大功告成了。

将它放入淋瓮里淋，第一遍漏出来的汁液是很浓稠的，第二次、第三次味道就逐渐变淡了。在大瓦瓮靠近底部的瓮身上打一个小孔，再削一个木锥将小孔堵住。在瓮里填满醋料，加水浸泡，等到醋的味道充分释放出来，然后将木锥取出，让醋流出（淋出）。

本草品彙精要卷之三十七
米穀部下品
醋 無毒
醋

制醋

选自《本草品汇精要》

（明）刘文泰等

图中描绘了古代人酿醋的过程。《周礼·天官·醯人》中的“醯人”，就是专门负责酿醋和腌菜的官员。

熬 醋

以淋过醋入大锅中，加盐少许，再入大茴香、花椒末熬之。熬至水气略尽，晾冷收之。味佳，久藏不坏。

【译文】

将酿好的醋放入锅中，加入一点盐，再放进去茴香、花椒末慢慢熬制，等到蒸气散发后，慢慢晾凉，保存起来。熬过的醋味道非常好，放很久也不会坏。

造 酱

用小麦面若干，入炒熟大豆屑，不拘多少，滚水和，揉成饼，按二指厚两掌大。蒸熟晾冷，于不透风处放芦席上铺匀，上面用楮叶盖厚。俟黄上匀为度，去浮叶翻转一过，黄透，晒一二日。捣成碎块，入盐水内成酱。酱黄入盐水后，每日早间，用竹把搅一次。半月后磨过即成，无庸再搅矣。酱造成，总得磨过，否则内有颗粒，味便不佳。酱要三熟，谓饼得蒸熟，熟水调面，熟水浸盐也。每酱黄十斤，入盐三斤，水十斤，盐亦要炒熟。

【译文】

取一些小麦面，放入一些炒熟了的大豆碎末，放的量可以多一些，也可以少一些，用开水和好，揉按成二指厚、两掌长的饼，蒸熟后再晾凉，放到不透风处把一块块的饼均匀地铺在芦席上，用构树叶盖好。等到这一块块的饼上面有一层均匀的黄色，就把构树叶拿开，翻一次饼块，让饼块黄透，晒一两天后，将饼块全部捣碎，放入盐水里浸泡。酱黄放入盐水以后，早上的时候用竹棍搅拌一次，每天如此。半个月后，用磨磨完就做成了，不需要再搅了。要想做成酱，就一定要磨，如果不磨的话，里面会有颗粒，这会导致酱的口感不好。做酱的技巧在于“三熟”，即饼要蒸熟；和面、泡盐和酱黄的水都要煮熟；酱黄、盐、水的比例是每十斤酱黄里面放三斤盐、十斤水，盐也必须炒熟。

腌　菜

白菜拣上好者，每菜一百斤，用盐八斤。多则味咸，少则味淡。腌一昼夜，反覆贮缸内，用大石压定，腌三四日，打缸装坛。

【译文】

选择一些上好的白菜，每一百斤菜要用八斤盐。这个比例刚刚好，盐多了就会太咸，少了又会太淡。把浸了盐的菜腌二十四小时，再把腌过的白菜翻过来放在缸内，用石块压住，就这样再腌三四天，装进坛子里备用就好了。

盐瓶

腌菜伴随着食盐的出现而出现，历史悠久。《周礼·天官》已有关于腌菜的记载："大羹不致五味也，鉶羹加盐菜矣。"

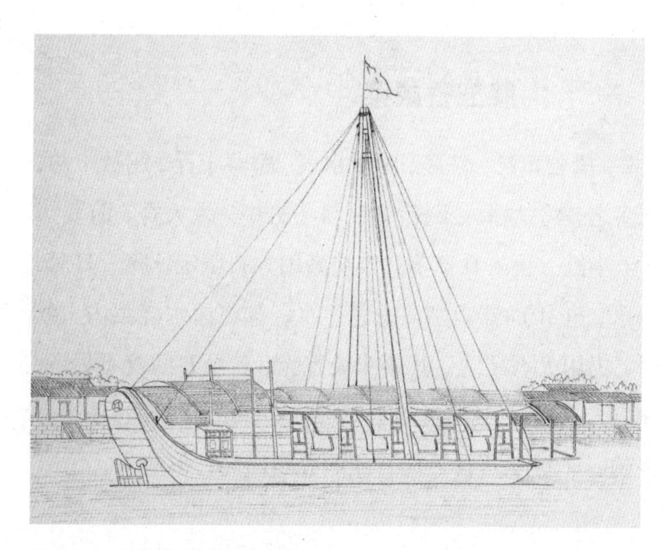

盐船　　选自《中国清代外销画·船只》　佚名

麻阳盐船

选自《中国清代外销画·船只》　佚名

《遵生八笺·饮馔服食笺》上卷介绍了另一种腌菜的制法："菜十斤，炒盐四十两，用缸腌菜，一皮菜，一皮盐，腌三日，取起菜，入盆内揉一次，将另过一缸，盐卤收起听用。又过三日，又将菜取起，又揉一次，将菜另过一缸，留盐汁听用。如此九遍完，入瓮内，一层菜上，撒花椒、小茴香一层，又装菜，如此紧紧实实装好，将前留起菜卤，每坛浇三碗，泥起，过年可吃。"

腌五香咸菜

好肥菜，削去根，摘去黄叶，洗净，晾干水气。每菜十斤，用盐十两，甘草六两，以净缸盛之，将盐撒入菜桠[①]内，排于缸中。入大香、莳萝[②]、花椒，以手按实，至半缸，再入甘草茎。俟缺满用大石压定。腌三日后，将菜倒过，扭去卤水，于干净器内别放，忌生水，却将卤水浇菜内。候七日，依前法再倒，仍用大石压之。其菜味最香脆。若至春间食不尽者，于沸汤内瀹[③]过，晒干，收贮，或蒸过晒干亦可。夏日用温水浸过压干，香油拌匀，盛以瓷碗，于饭上蒸食最佳，或煎豆腐面筋，俱清永。

【注释】

① 桠：树木枝条上再长的枝条，树木或物体的分叉。

② 莳萝：亦称“土茴香”，伞形科多年生草本植物。

③ 瀹（yuè）：漫渍。用汤来煮食物也叫瀹。

【译文】

选一些品相较好的肥菜，把根去掉，把黄叶摘掉，洗净并晾干水分。每十斤菜用一斤盐、六两甘草。把肥菜放进干净的缸里，将菜的里里外外撒上盐，一棵棵摆好，放入一些大香、莳萝、花椒，用手按实，等到放满半缸时，放入甘草茎。满满一缸放完后在上面压上石块。腌制三天以后，把菜取出，把卤水拧干，再倒换到别的干净的缸中，这个过程中不要掺入没有烧开的水，卤水要倒回菜里。再过七天，按照之前的方法再倒一遍，仍然用大石块压住。这样腌出的肥菜会非常香脆。如果春天吃不完，可以将腌好的肥菜用开水煮过以后，晒干后保存，也可以蒸过后晒干保存。最佳做法是夏天用温水泡开，加点香油，把菜铺在米饭上，放在瓷碗里面蒸着吃。也可以和豆腐、面筋一起炒，都很美味。

煮腊豆

腊月极冻日，将晒半干腌菜切碎，用大豆不拘多少，黑大豆尤佳。大约六分豆，四分菜，一分红糖，一分酒，同入锅内。加菜卤若干，比豆低半指，煮干停一时，用勺翻过煮透。取出，铺匀，晾冷，收坛内，可吃一年不坏，且益人。煮时须加花菽、大小茴香。

【译文】

在腊月里，选最冷的一天，将晒到半干的腌菜切碎，再准备一些大豆，最好选用黑大豆。大豆和菜的比例为六成豆、四成菜，再加一成红糖、一成酒，一起倒入锅中，加入一定量腌菜水——水的高度比豆的高度低半指，煮到发汤时停火等一会儿，用勺子翻一下继续煮，直到煮透。取出平铺晾凉，就可以收入坛中。这样处理过的腌菜放一年也不坏，且有益身体。煮的时候应该加入花椒和大、小茴香。

腌萵苣

即萵笋。每一百根，去皮、根，用盐一斤四两，腌一夜，次日晒起，将盐卤倾出，煎滚，晾凉，复入萵笋内。如此再二次，取出，晒干，收坛内。以花椒、茴香或玫瑰花拌之，味更香美。腌萵笋卤，可以经久不坏，最益人。萵笋叶腌过晒干，夏月拌麻油饭上蒸熟，最佳。且能杀腹中诸虫，尤为益人。

【译文】

莴苣就是莴笋。把莴笋去掉皮、根之后，每一百根莴笋要搭配一斤四两盐。把加上盐的莴笋腌一晚上，第二天早上把盐卤倒出来，烧开后晾凉，再倒入莴笋里继续腌制。按照这样的做法再做两次（共三次）以后，将莴笋拿出来晒干，放在坛子里。加花椒、茴香或者玫瑰花用来调味，味道更佳。腌制莴笋的卤水很久都不会腐坏，对健康非常有好处的。莴笋叶腌过后晒干，夏天吃的时候拌入麻油，放在饭上蒸熟，非常好吃。这样做的莴笋可以杀死身体里的多种虫子，特别有益身体。

腌 瓜

菜瓜一担，用盐五六斤。每瓜剖两半，去瓤，仰放盛盐，用石压定，腌一夜，次日晒起。晚间将原卤煎沸，候冷，将瓜浸入如前法。如此二三次，晒干，贮坛内。以花椒、茴香、玫瑰花拌之尤佳。

【译文】

一担菜瓜腌制时要加入五六斤盐。每只瓜切成两半，都去掉瓜瓤，仰放着瓜，撒上盐，把这些处理好的瓜用石块压住，腌一晚上，第二天把腌了一晚上的瓜挂起来晒一天。晚上的时候把原来腌瓜的卤水煮开，再冷却后将瓜浸泡在里面。照这样的方法做两三次，瓜晒干后储存在坛子里。加入花椒、茴香、玫瑰花等调味品，味道更好。

瓜

选自《本草图谱》 ［日］岩崎灌园 收藏于日本东京国立国会图书馆

《随园食单·卷三·小菜单》中也记录了一种酱瓜的制法："将瓜腌后，风干入酱，如酱姜之法。不难其甜，而难其脆。杭州施鲁箴家，制之最佳。据云：酱后晒干又酱，故皮薄而皱，上口脆。"

乾隆像

选自《历代帝王像》 （清）姚文瀚 收藏于美国纽约大都会艺术博物馆

早在唐代就有通过“温汤水”来培植反季蔬菜的技术，因此皇帝不必吃腌瓜。乾隆皇帝就尤其喜欢一边欣赏三月飞雪一边品尝新鲜的黄瓜。他还曾作《黄瓜》诗：“菜盘佳品最燕京，二月尝新岂定评。压架缀篱偏有致，田家风景绘真情。”

腌莱菔[1]

莱菔，切成一寸许四棱长条，入大瓷盆中。每十斤，加盐十二两[2]，用手揉之。每日须揉二三次。俟盐味尽入，盐卤已干，再以花椒、茴香末或更加辣面拌匀收之。随时取食。

【注释】

① 莱菔：即萝卜。

② 两：中国古代 1 斤 =16 两，1 斤约等于 596.8 克。

【译文】

将莱菔切成一寸左右的四棱长条，放在大瓷盆中备用。往瓷盆中放入盐，莱菔和盐的比例为每十斤莱菔放十二两盐。放好之后，每天用手揉搓二三次莱菔。等到盐完全渗透进来，外面裹着的盐卤也干了，再放入花椒、茴香末，也可以再加入辣椒面，将莱菔和着花椒、茴香末、辣椒面搅拌均匀，储存起来，随时可以拿出来吃。

腌胡莱菔

胡莱菔，洗净晾干，整个放缸中。每十斤入盐半斤，酌加茴香、花椒。以冷开水灌入，水须比莱菔稍高，上以重物压之，每日须翻转一次。十日取出，用刀子四面各劈[1]一缝，以绳系之，悬于有风无日处干之。欲食时，以热水浸软，横切薄片，即成莱菔花之状矣。以香油与醋拌食，甚脆美。

【注释】

① 剺（lí）：划开。

【译文】

拿一些胡莱菔，把它们洗净晾干，完整地放进缸里。胡莱菔和盐的比例为十斤胡莱菔用半斤盐，而茴香和花椒可以根据个人口味添加。在缸中倒入冷却后的开水，水要比莱菔稍高一点，上面用重的东西压住。每天翻转一次。等到十天后取出，用刀在四面各划一条缝，用绳子拴起来，悬挂在有风无太阳的地方阴干。吃的时候用热水泡软，横着切成薄片，就成了莱菔花的样子，用香油和醋拌了吃，十分脆美。

咸豆豉

大黄豆，洗净，煮极烂，晾冷，装坛内，置凉处。俟发霉上黄，取出，以茴香、花椒末、盐拌匀，作成圆饼，晒微干，收贮。喜食辛，可加入辣椒末。大黑豆一斗，煮熟透，于不透风处摊席上，以楮叶覆之。俟发霉，晒干，去黄，入八角、小香、砂仁、紫苏叶末、去皮苦杏仁各四两，陈皮、甘草末各二两，生姜米三斤，晒干瓜丁二三斤，再入陈酱油六斤，绍酒十斤，油桂、白蔻末五钱，收藏贮瓷器内，总以不透风为要。此与前法稍异，此法味最佳，前法较便。

【译文】

拿出一些大黄豆，把它们洗净，煮到非常软烂的地步，晾晒好后，装入坛子里，找一个阴凉处放好。等到大黄豆发霉，上面出现了黄色霉斑，取出大黄豆，放入茴香、花椒末、盐搅拌在一起，做成圆饼，晒到稍干一点，储存起来。喜欢吃辣椒的人也可以放点辣椒末。取一斗大黑豆，也煮到熟烂的地步，找一个不通风的地方把黑豆铺在凉席上，用构树叶盖上。等到其发霉后晒干，去掉黄的部分，加入八角、小香、砂仁、紫苏叶末、去皮的苦杏仁各四两，二两陈皮、二两甘草末，三斤生姜粒，二三斤晒干后的瓜丁，六斤陈酱油，十斤绍兴黄酒，油桂、白蔻末各五钱，一起放在瓷器内。制作的重点在于不通风，这与前面所说的制作方法略有不同，这种方法味道很好，而比前面的方法要难一点。

咸豆豉

（现代）佚名＼摄影

《随园食单》中记有“十香咸豉方”：“生瓜并茄子相半，每十斤为率，用盐十二两，先将内四两腌一宿，沥干。生姜丝半斤，活紫苏连梗切断半斤，甘草末半两，花椒拣去梗核碾碎二两，茴香一两，莳萝一两，砂仁二两，藿叶半两，如无亦罢。先五日，将大黄豆一升煮烂，用炒麸皮一升，拌罨做黄子，待熟过筛去麸皮，止用豆豉。用酒一瓶，醋糟大半碗，与前物共和打拌。泡干净瓮入之，捺实。用箬四五重盖之，竹片廿字扦定，再将纸箬扎瓮口，泥封，晒日中，至四十日取出，略晾干，入瓮收之。如晒可二十日，转过瓮，使日色周遍。”

制胡豆瓣

鲜胡豆，去皮，置暗处，覆以楮叶。俟生黄，取出，置日中晒干，拭去黄。以黄酒炒盐，加辣椒粗片浸。浸后置日中晒之，晒至豆软可食，分坛收贮。干胡豆浸软去皮，如前法作之亦可。张松如大令[①]茂森传此法。

【注释】

① 大令：古代对县官尊称。战国至宋以前，县官都称令。

【译文】

把鲜胡豆的皮去掉，放在阴暗的地方，用构树叶盖上。等到胡豆上出现了黄色物质，取出胡豆，在太阳下晒干，去掉黄色的部分。用黄酒炒盐，然后再加入粗辣椒片一起和豆子浸泡，浸泡以后再放到太阳下晒，直到豆子变得软嫩，并且达到可以吃的程度，用坛子装起来，储存备用。把干胡豆泡软去皮，照着我们的方法再做一遍也可以得到豆瓣。这个方法是县令张如松告诉我的。

浸　菜[①]

用有檐浸菜坛子[②]，除葱、蒜、韭等菜不用，余如胡瓜、茄子、豇豆、刀豆、苦瓜、莱菔、胡莱菔、白菜、芹菜、辣椒之类，皆可浸。浸用熟水，盐须炒过，酌加花椒、小香、生姜，浸好，以瓷碗盖之。碗必与坛檐相吻合，檐内必贮水，防泄气及见风也。取时必以净箸夹出，防见水及不洁也。

【注释】

① 浸菜：泡菜。

② 有檐浸菜坛子：即泡菜坛。檐，覆盖物的边沿或伸出的部分。

【译文】

取一个有檐的泡菜坛子，除了葱、姜、韭菜以外的蔬菜，比如胡瓜、茄子、豇豆、刀豆、苦瓜、莱菔、胡莱菔、白菜、芹菜、辣椒，都可以做泡菜。做泡菜要用开水，盐要事先炒熟，可以根据个人口味添加一些花椒、小香、生姜。泡好后，用瓷碗盖住坛口，碗一定要和坛檐相契合，檐内要放一定的水，以防漏气和见风，否则味道就不好了。取的时候，一定要用擦拭干净的筷子夹出来，因为泡菜沾了生水和不干净的东西就会变质。

腌雪里蕻

一名春不老。削去粗根及黄叶，洗净，晾干水气。每菜十五斤，用盐一斤。入缸腌一夜，次日取起，晾干，再入缸腌之。如此三次，即成矣。切碎下饭，或炒豆腐，或焨[①]汤均佳。入春天暖，可蒸过晒干。夏日以熟水浸软切碎食尤佳。惟每起缸时，须费工夫将菜揉搓。揉搓愈到，菜之色味愈佳。

【注释】

① 焨（xún）：煮、涮。

【译文】

雪里蕻也叫春不老。把雪里蕻的粗根和黄叶削掉之后洗净，晾干水分。加盐，菜和盐的比例为每十五斤菜一斤盐。把加盐的雪里蕻放在缸里腌一夜，第二天取出，再晾干，然后再放到缸里腌。重复三次，就完成了腌制。将腌好的雪里蕻切碎后拌饭吃，或者用来配豆腐炒着吃，或者炖汤，都很不错。春天的天气开始变暖，气温升高，可以把腌好的雪里蕻蒸完了再晒干。到夏天时把腌好的雪里蕻用热水泡软切碎了吃。注意腌制过程中每次起缸时，要花些时间来揉搓菜条，揉搓得越入味越好。

芥菜

选自《庶物类纂图翼》　［日］户田祐之　收藏于日本内阁文库

雪里蕻是芥菜的一个变种。清代陈确曾作《蒸菜歌》："瓶菜洵已美，蒸制美逾并。尤宜饭锅上，谷气相氤氲。一蒸颜色润，再蒸香味深，况乃蒸不止，妙美难具陈。贫士昧肉味，与菜多平生。因之定久要，白首情弥亲。十日菜一碗，一碗几十蒸，十蒸尽其性，齿莽安可云！当午饭两盏，薄暮酒半升，相得无间然，千秋流项声。非敢阿所私，良为惬公论。"

醋浸菜

好醋若干，入锅中，加花椒、八角、莳萝、草果及盐烧滚。俟水气略尽，候冷，放坛中。浸入莱菔、胡莱菔、生姜、王瓜[1]、豇豆、刀豆、茄子、辣椒等，愈久愈佳。太原人作法甚佳。

【注释】

① 王瓜：别称“土瓜”，葫芦科，果实是球形的，也有椭圆形的，果实成熟后呈现橘黄色，我国华东、华中、华南和西南均有分布。王瓜具有清热，生津，化瘀，通乳之功效。它的块根已经入药，可以治疗毒蛇咬伤。

【译文】

取一定量的品质绝佳的醋，放入锅中，再放入花椒、八角、莳萝、草果及盐一起烧开。等到水分基本散尽的时候晾凉，放在坛子里。放入莱菔、胡莱菔、生姜、王瓜、豇豆、刀豆、茄子、辣椒，与醋料融合在一起，浸入的时间越久越好。这道醋浸菜，太原人做得非常好。

豆腐乳

豆腐晾干水气，切四方块，约二两一块。入笼蒸透，再于暗处置稻草上，仍覆以稻草。俟生霉起毛，取出，拭去毛，每块用花椒小细末、盐末撒匀，然后密铺盆内，以陈酒浸之，加香油于上。酒以淹合豆腐为准。外以纸封固，令不泄气。二十余日可食。加皂矾[1]为臭豆腐。

【注释】

① 皂矾：一般指七水合硫酸亚铁。七水合硫酸亚铁是一种无机盐，化学式为$FeSO_4 \cdot 7H_2O$，易溶于水，不溶于乙醇。在干燥空气中会风化。

【译文】

把豆腐里面的水分晾干，切成四四方方的块，约二两一块。把豆腐块放入笼屉中蒸熟，再取出，放在没有阳光的地方，下面和上面都用稻草铺上。豆腐发霉长毛之后取出，去掉毛，在每一块豆腐上面撒上花椒末和盐，然后密密地铺在盆子里，把陈酒倒入，陈酒的量以完全淹没豆腐为宜，最后再倒入一层香油。外面用纸包裹起来，以防串味。腌制二十多天豆腐乳就可以食用了。再加入皂矾，就做成了臭豆腐。

腐　竹

竹篾[①]按一尺许长，削如线香[②]样，要极光滑。以新揭豆腐皮铺平，再以竹篾匀排于上，卷作小卷，抽去竹篾，挂于绳上晾之。每张照作，晾干收之，经久不坏。可以随时取食，各菜本酌加。

【注释】

① 竹篾：成条的薄竹片。

② 线香：无芯的香，也叫直条香、草香。由骨料、粘结料、香料、色素及辅助等材料组成。

【译文】

竹篾条按照每根一尺左右的长度，削成线香一样的形状，需要削得极其光滑。把新揭的豆腐皮铺平，再把竹篾均匀地排在上面，卷成小卷，然后抽取竹篾，挂在绳上晾干。每张豆腐皮都按照这种方法制作，晾干以后储存在一个地方，即使放了很久也不会坏，随时都可以吃，各种菜都可以放一点。

辣椒酱

辣椒，秋后拣红者悬之使干。其微红、半黄及绿者，磨作酱，甚佳。辣椒七斤、胡莱菔三斤，均切碎。炒过盐十二两，水若干，搅匀令稀稠相得。以磨豆腐拐磨磨之，收贮瓷瓶，久藏不坏。吃粥下饭，胜肥脓数倍也。

【译文】

挑选秋后的红辣椒挂起来晾干是极佳的调料。而那些微红的、半黄的或者绿辣椒，可以磨碎后做成酱，非常好吃。拿七斤辣椒、三斤胡萝卜，全部切碎。再炒十二两盐，再加入一些水，搅拌均匀，调得稀稠合适。这些做好之后，再取出磨豆腐的拐磨，把制作好的半成品磨了，这样辣椒酱就做好了。把做好的辣椒酱放入瓷瓶中，无论放多久也不会坏掉。喝粥，吃饭，再吃一点辣椒酱，味道胜过肉食许多倍。

水豆豉

作豆豉时，煮过黄豆之水，用玻璃瓶分贮。大约黄豆发霉时，此水亦应发过。审其上有白膜，即为发过之候。每瓶酌加净盐若干，十日后可食矣。于素菜汤中调之，殊为鲜美，不惟可代酱油也。

【译文】

制作豆豉时煮黄豆的水不要扔掉，用玻璃瓶另外储存起来。当做豆豉的黄豆发霉的时候，这些水也应该发酵了。查看到水上面有了白膜，就是已经发酵了。往水中酌情加入一定量的食盐，十天以后就可以用了。将它加到素菜汤中调味，味道非常鲜美，不只是替代酱油那么简单。

菜 脯

干菜曰苴，亦曰诸，桃诸、梅诸是也。《说文》："脯，干肉。"呼菜脯亦可。如胡豆、刀豆、邪蒿[①]、香椿、萱花[②]、荠菜、苋菜、白蒿[③]、苜蓿、菠菜、莱菔、胡莱菔、茄子、茭白之类，皆可作脯。惟茄及茭白宜去皮切片。均宜洗，于滚水瀹过，晒干收贮，勿泄气。菜乏时照常法作食，较初摘者稍逊，然真味故在，与腌以盐酱本味全失者不同也。栗子、银杏瀹过晒干，亦可久贮。

【注释】

① 邪蒿：叶子类似胡萝卜叶的一种伞形科植物。

② 萱花：也叫金针、黄花菜，属百合科，植株一般较高大，又名忘忧草。

③ 白蒿：菊科植物大籽蒿，治风寒湿痹、黄疸、热痢、疥癞恶疮。

【译文】

干菜有两个称呼，一种叫苴，一种叫诸。桃子和梅子的干脯就叫桃诸、梅诸。《说文解字》里说“脯”即为干肉，所以用“脯”称干菜也可以，叫作“菜脯”。如胡豆、刀豆、邪蒿、香椿、金针、荠菜、白蒿、苜蓿、菠菜、莱菔、胡莱菔、茄子、茭白之类，都可以做成菜脯，茄子和茭白做之前还应该削皮切片。在做干菜的时候，应该把所有菜都洗净，用开水烫浸一遍，然后晒干保存，以免走了味道。如果有时候吃不到新鲜蔬菜，就把菜脯按照平常蔬菜的吃法烹饪，味道比刚摘下来的新鲜菜要差一些，但是依然保留着蔬菜本来的味道，这种菜脯和用盐、酱腌制过失去了本味的菜的味道是完全不同的。栗子、银杏煮过以后晒干了吃，也可以长久储存。

藏诸果

林檎①、苹果、石榴、桔柑、梨等，皆佳果也，惜不能久放。惟每果一枚，用净棉花包好，以烧酒浸之，收瓷器内，勿令泄气，可久藏。

【注释】

① 林檎：我国黄河和长江流域一带普遍栽培的一种花药。林檎的味道就像苹果一样，可以生吃。

【译文】

林檎、苹果、石榴、柑橘、梨等，都是佳果，但是不能久放。把每个水果用干净的棉花包好，用烧酒浸一下，然后放在瓷器里面，密封好，这样就可以保存得久一些。

炒米花

上好糯米，先用水淘净，后以熟水淋过，盛竹箩内，以湿布盖好，约二时涨透。下锅同砂热炒，去砂，最空最酥。不放砂，每斗可炒斗五六升。同砂炒，每斗可炒二斗有余。淋米水太热太凉均不酥，热不烫手方得。

【译文】

选一些品质极佳的糯米，先用水淘净，然后再淋上开水，放在箩筐里，用湿布盖好，让它完全涨透，这个过程要四个小时。把涨透的糯米倒入锅里和细砂一起翻炒，炒熟过后去掉砂子，只剩下米花又空又酥。如果不放砂子，一斗米可炒出一斗五六升米花，如果放了砂子炒，大约一斗可炒出来二斗多。记住，在淋开水的制作环节，水不能太冷也不能太热，温度热但不烫手的水刚刚好。

甜酱炒鹿角菜[①]

鹿角菜，浸软，洗净，切碎。先以甜面酱于香油中炒过，再以鹿角菜加入同炒，再加水令稀稠相得。香油须多加，或不用水，止多加香油炒之，尤佳。

【注释】

① 鹿角菜：也叫猴葵，一种海生藻类植物，可以食用。

【译文】

把鹿角菜泡软一些，然后洗净切碎。先用香油炒甜面酱，然后再放入鹿角菜，加水，使得菜品的稠稀适宜。如果想要再好吃一点，可以再多放一些香油，也可以不加水，只多加香油直接炒更好。

酱油浸鹿角菜

鹿角菜，泡软洗净，略切晾干，浸好酱油内数日，可以久食。鹿角菜一斤，至少须酱油二斤。

【译文】

把鹿角菜泡软一点，然后洗净，略微切一下晾干。把处理过的鹿角菜泡在酱油里腌几天，可以经常吃。一斤鹿角菜最少需要二斤酱油。

甜酱炒核桃仁

核桃仁，略切，与甜面酱同炒。如前法。

【译文】

把核桃仁略微切一下，和甜面酱一起炒，炒制做法和甜酱炒鹿角菜相同。

果仁酱

核桃仁、杏仁、花生仁，均浸软去皮，略切。再加瓜子仁、松子仁，入甜面酱内炒之。如前法。

【译文】

把核桃仁、杏仁、花生仁都泡得软软的，然后剥去皮，略微切一下，再加入一点瓜子仁、松子仁，放入甜面酱一起翻炒。具体做法和前述炒鹿角菜、核桃仁一样。

清代粉彩像生瓷果品盘

盘中主要有螃蟹、核桃、红枣、荔枝、石榴、花生、莲子、菱角等。

素火腿

九十月间，收绝大倭瓜[1]，须极老经霜者摘下。就蒂开一孔，去瓤及子，以陈年好酱油灌入，令满。仍将原蒂盖上，封好，平放，以草绳悬户檐下。次年四、五月取出，蒸熟，切片食，甘美无似，并益人。此王孟英[2]先生法。

【注释】

① 倭瓜：又叫南瓜，一年生蔓生草本植物。

② 王孟英：名士雄，浙江海宁人，清代医学家。

【译文】

在秋天九十月间，选个头大的经霜老倭瓜，摘下来后从瓜蒂的位置开一个孔，从孔里掏出瓜瓤。用陈年的好酱油灌满整个瓜瓤，再把瓜蒂盖上封好，用草绳平着挂在屋檐下。等到第二年的四五月间取下来，蒸熟，切成片，一片片吃，味道简直好得无法形容。而且，这样吃对人也有益。这是名医王孟英先生提供的做法。

卷　二

摩姑蕈[1]

摩姑之味在汤。或弃去汤，太无知。宜以滚水淬[2]之，俟其味入水中，将水漉[3]出淀之，俟泥沙下沉，再漉去泥沙作汤，则素蔬中之高汤也。用此汤得冬笋、豆腐、茭白及各菜，隽永无似。仍用以煨摩姑，尤佳。摩姑已经淬过，可用温水涤去泥沙，剔去粗根，仍以原淬之水加高汤煨之。此物非慢火久煨，不能肥厚腴。否则味虽不差，与生啖无异也。

【注释】

① 摩姑蕈（xùn）：即磨燕草，蕈也是菌类，香菇、木耳都算是蕈，此文中以蘑菇概之。潘之恒《广菌谱》："磨燕草出山东淮北山间。埋桑楮木于土中，浇以米泔，待蕴生采之。长二三寸，本小末大，白色柔软，其中空虚，状如未开玉簪花。俗名鸡足磨燕，谓其味状相似也。"

② 淬（cuì）：浸染。

③ 漉（lù）：使水慢慢地渗出。

【译文】

最能突出蘑菇鲜美，莫过于泡它的汤水。有人把洗它的水儿倒掉，简直太无知了。正确的做法是用开水浸泡蘑菇，把蘑菇的香味浸入到水中，取出蘑菇把浸入蘑菇味道的水静置，等到泥沙沉淀，蘑菇也取出来了，就用澄出来的蘑菇水煮汤，真的是素菜里的高汤啊。用这种高汤炖冬笋、豆腐、茭白等蔬菜，都是很美味的。用这个水来煨蘑菇，味道更好。蘑菇已经用开水泡过，再用温水洗去泥沙，把粗根切掉，依然用原来泡它的水来煨。小火慢炖，鲜美醇厚的味道才会出来，如果不这么煨，味道虽然不会太差，但是与生吃没什么差别了。

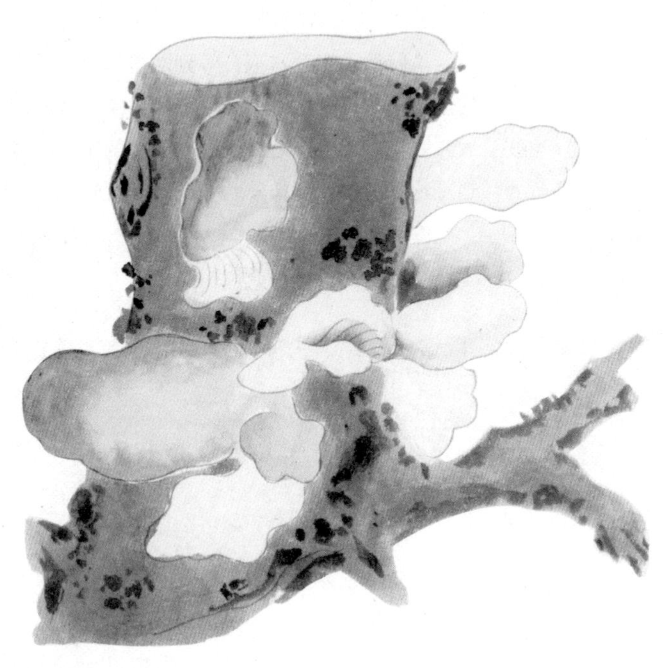

蘑菰蕈

选自《本草图谱》　[日]岩崎灌园　收藏于日本东京国立国会图书馆

羊肚菌[1]

以水淬之，俟软漉出，将水留作汤用。再以水洗去泥沙，以高汤同原淬之水煨之，饶有清味。此菌纹如羊肚，故名。

【注释】

① 羊肚菌：羊肚菌科羊肚菌属真菌。羊肚菌在全世界都有分布，其中在法国、德国、美国、印度、中国分布较广。

【译文】

羊肚菌先用开水泡，等到泡得软软的，再捞出来，剩下的水也不浪费，用来做汤。把捞出来的羊肚菌用水洗净，再放入高汤中，混同之前泡过羊肚菌的水一起煮，有清香的味道。这种菌纹路就像羊肚一样，所以叫这个名字。

东　菌[1]

此菌颇肥大，以滚水淬之，去净泥沙及粗硬者。煎白菜、煎豆腐，均佳。

【注释】

① 东菌：即平菇，是一种食用菌，含丰富的营养物质，具有追风散寒、舒筋活络的功效。

【译文】

东菌这种菌是非常粗壮厚实的，用开水浸泡开来，把泥沙洗净，再去掉下面粗硬的部分。把处理好的东菌和白菜、豆腐一起炒，均是不错的菜肴。

香　姑

形圆，大小约一寸许，约一分厚，黑润与东菌异。以滚水淬之，摘去其柄，与白菜、玉兰片、豆腐同煨，均清永。或以香油将白菜炸过，再以酱油将白菜闷之，再以香菇铺碗底以白菜实之，浸火蒸烂，尤腴美。

【注释】

① 香姑：即香菇，也叫香草、冬菇，是世界第二大菇，也是我国久负盛名的珍贵食用菌。我国栽培香菇已有800多年历史。香菇有冬菇、春藏、花菇、薄菇四种，花菇的质量最好。

【译文】

香菇的形状是圆形的，直径大约一寸左右，厚约一分，黑而光亮，跟东菌有很大不同。用开水泡开香菇，把硬根去掉，和白菜、玉兰片、豆腐一起煨着吃，非常清香。也可以炸着吃，只需要用香油将白菜炸了，再放入酱油把白菜焖一下，香菇铺在碗底，上面放上白菜，用小火这样蒸，一直到熟透，非常好吃。

兰花摩姑[1]

以滚水淬之，加高汤煨豆腐，殊为鲜美。

【注释】

① 兰花摩姑：就是草菇，又叫兰花菇，因为它烘干后有浓郁的香味。

【译文】

兰花蘑菇用开水浸泡以后，加高汤和豆腐一起煨，非常美味。

鸡腿摩姑[1]

以滚水淬之，洗去泥沙及粗硬者，与白菜或豆腐同煨，殊有清致。

【注释】

① 鸡腿摩姑：又名毛头鬼伞，属担子菌纲伞菌目白蘑科，是我国北方一种野生食用菌，其味道鲜美，营养丰富，因形似鸡腿而得名。有的地方将其他品种也叫鸡腿蘑菇。

【译文】

用开水浸泡鸡腿蘑菇，把泥沙和它粗硬的部分去掉，和白菜或者豆腐一起炖，别有一种清香。

虎蹄菌[1]

形圆，大者如卵，小者如栗。以温熟水浸软，洗去泥沙，切大片，以高汤煨之。亦脆亦腴，清芬可挹[2]。

【注释】

① 虎蹄菌：可能是一种牛肝菌属的蘑菇。

② 挹（yì）：吸取。

【译文】

虎蹄菌外形是圆形的，大的虎蹄菌差不多跟鸡蛋一样大，小的虎蹄菌就像栗子一样大。用温开水把它泡软，洗去泥沙，切成大片，用高汤煨后再食用，吃起来厚嫩香脆，清香可口。

白木耳[1]

以凉水浸软，拣去粗根，洗净，以高汤煨之。或以豆腐脑甆[2]底加白木耳于上，添高汤蒸之，亦有清致。或以糖煨之，亦佳。

【注释】

① 白木耳：也称为银耳、雪耳、银耳子等，有“菌中之冠”的美称。

② 甆（diàn）：同垫。

【译文】

用凉水泡软白木耳，把它的粗根去掉，然后洗净，用高汤煨熟。也可以用豆腐脑垫底，在上面放上白木耳（银耳），加入高汤一起慢煮，也是一种清雅别致的小菜品。还可以加入糖一起炖，味道也不错。

桂花木耳[①]

凉水浸软，以小翦[②]翦去硬根，以高汤煨之。或以糖煨之，亦佳。

【注释】

① 桂花木耳：桂树上所生的木耳。

② 翦：同“剪”。

【译文】

把桂花木耳用凉水浸软，用剪刀剪去上面坚硬的部分，加入高汤一起煨熟。也可以加糖一起煨，味道也很不错。

榆木耳[①]

此木耳最费火候，原汤味甚劣。以滚水浸软，倾去水，再以硷水漫火发开，再以净水漂去硷味，然后以高汤煨之，味亦腴美。

【注释】

① 榆木耳：榆树上所生的木耳。

【译文】

做榆木耳最费火候，原汤的味道不太好。用开水把榆木耳泡软，再把水倒掉，加入碱水让它慢慢发开，再用清水把多余的碱水洗去，然后在锅中加入高汤，用高汤把榆木耳煨熟，味道也非常好。

树花菜①

生终南山龙柏树上，似木耳而色淡碧，形甚类翦春罗花，气香味辛，得未曾有。陕西干果铺有卖者，名曰“石花菜”。以滚水浸软，翦去粗根，加香油、酱油、醋食之，辛香可口。或以高汤煨之，尤清隽也。

【注释】

① 树花菜：一种苔藓类寄生植物。

【译文】

树花菜是生长在终南山的龙柏树上的一种植物，形状很像木耳，但是颜色是淡绿色的，形状很像剪春罗花，闻着是很香的，但是吃起来有点辣，非常奇特。陕西的干果店里有卖这种植物的，叫作“石花菜”。用开水把树花菜泡开，把粗根剪掉，加入一些香油、酱油和醋拌着吃，味道非常好，又香又辣。也可以在锅中加入高汤，慢慢煨熟，更加好吃。

葛仙米[1]

取细如小米粒者，以水发开，沥去水，以高汤煨之，甚清腴。余每以小豆腐丁加入，以柔配柔，以黑间白。既可口，亦美观也。

【注释】

① 葛仙米：也叫天仙菜、珍珠菜，是我国传统的可食用蓝藻之一。

【译文】

取米粒一样大小的葛仙米，用水泡开，把水控去，在锅中加入高汤，慢慢煨熟葛仙米，非常香软。我每次吃的时候都加一些小豆腐丁进去，口感柔软的食材搭配一致，在色泽上黑白映衬，又好吃，又好看。

竹　松[1]

或作竹荪，出四川。滚水淬过，酌加盐、料酒，以高汤煨之。清脆腴美，得未曾有。或与嫩豆腐、玉兰片、色白之菜同煨尚可，不宜夹杂别物，并搭饋[2]也。

【注释】

① 竹松：即竹荪，又名竹笙、竹参，是鬼笔科竹荪属真菌，我国著名食用菌之一，被人们称为“雪裙仙子”“山珍之花”“真菌之花”“菌中皇后”。味道鲜美，对高血

压、胆固醇高的患者有一定疗效，对肥胖症效果更好。

② 饋：即芡。

【译文】

竹松也叫竹荪，是一种出产于四川的食用菌。用开水泡过以后，根据自己的情况加入盐、料酒，在锅中加入高汤炖煮，清脆丰腴的味道，鲜美到极点。也可以加入一些嫩豆腐、玉兰片、白颜色的菜一起炖煮，但不能再加别的食材，加多了并不好。做的时候要勾芡。

商山芝[1]

即蕨菜，初生名小儿拳。以滚水浸软，去根叶及粗梗。择取根嫩者，以高汤煨之，气香而味别，野获佳品也。

【注释】

① 商山芝：本书中解作“蕨菜”，属蕨类植物凤尾蕨科。

【译文】

商山芝就是蕨菜，刚长出来的商山芝叫作小儿拳。用开水把商山芝泡软，去掉根、叶以及粗梗。选取一些根嫩的厥菜，用高汤炖煮，香气扑鼻，别有风味，是野生蔬菜中的佳品。

笋　衣

出四川。滚水淬过，将水澄出，留作汤用。或切片切丝，仍以原淬水同高汤煨之，颇有清味。或加高汤，同豆腐、腐皮、玉兰片同煨，亦佳。

【译文】

笋衣出产于四川。用开水把笋衣泡过，将泡笋衣的水澄清后留下炖汤。把笋衣切成片或丝，用泡过的水加入高汤一起煨熟，这样做的笋衣味道清爽。也可以加入高汤，和豆腐、豆腐皮、玉兰片一起煨熟，味道也不错。

石花①糕

石花，即鹿角菜，京师名麒麟菜。以开水煮化，倒入碗中，冷定，凝为一块，用刀切片，色如蜜腊。拌香油、酱油、醋食，甚滑美。又有黑色之鹿角菜，形亦相似，颇耐煮，可煨食也。

【注释】

① 石花：一种可食性藻类。具有降火、解暑、祛热的功效。

【译文】

石花糕，又名鹿角菜，在京师称作麒麟菜。把石花用开水煮化，倒在碗里，等到它冷却后凝结成一块，再用刀切成片状，这时候的石花糕的颜色就像蜜蜡一样。石花糕拌上香油、酱油和醋食用，口感爽滑。除了一般的鹿角菜，还有一种黑色的鹿角菜，形状和一般的鹿角菜很相似，非常耐煮，可以煨着吃。

凉拌石花菜

鹿角菜浸软切开，以香油、盐、醋拌食，或同凤尾、发菜、海带丝拌食，均脆美。

【译文】

把鹿角菜泡软，然后切开，加入香油、盐和醋，凉拌冷盘。还可以和凤尾、发菜、海带丝等拌在一起吃，味道脆爽可口。

鹿角菜

选自《本草图谱》 ［日］岩崎灌园 收藏于日本东京国立国会图书馆

闷发菜[1]

海蔬中，惟黑色之鹿角菜可久煮。余如白色之鹿角菜、凤尾[2]、紫菜及东洋粉，水煮即化，而发菜及海带可久煮。发菜以高汤煨之，甚佳。或与白菜丝或笋丝同煨，亦清永。

【注释】

① 发菜：学名发状念珠藻，是蓝菌门念珠藻目的一种藻类，广泛分布于世界各地的沙漠和贫瘠土壤中，因其色黑而细长，如人的头发而得名，可以食用。与现在的发菜有别。

② 凤尾：可能是一种形状长得很像凤尾的藻类，科属不明。

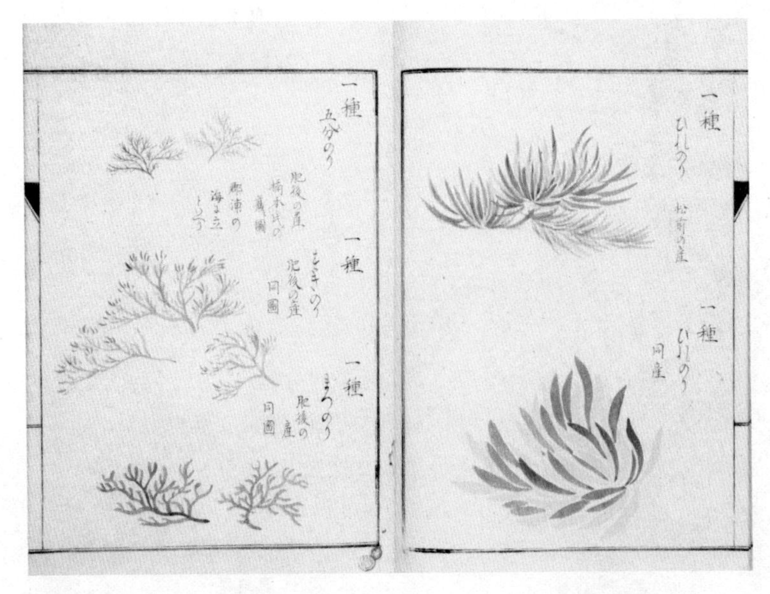

鹿角菜

选自《本草图谱》　[日]岩崎灌园　收藏于日本东京国立国会图书馆

【译文】

海里面的一些蔬菜，或者说用海水养殖的蔬菜，只有黑色的鹿角菜可以长时间煮。其他的在海水中养殖的蔬菜，比如白色的鹿角菜、凤尾、紫菜以及东洋粉，用水一煮就会化掉。但是发菜和海带一样，可以长时间煮。用高汤来煨煮发菜非常美味。也可以把发菜和白菜丝或笋丝一起煨着吃，令人回味。

菘

菘，白菜也，是为诸蔬之冠，非一切菜所能比。以洗净生菜，酌加盐、酒闷烂，最为隽永。或拣嫩菜心横切之，整放盘中，以香油、酱油、醋烧滚，淬二三次，名“瓦口白菜”，特为清脆。或洗净晾干水气，油锅灼过，加料酒、酱油煨之，甚为腴腴。或取嫩菜切片，以猛火油灼之，加醋、酱油起锅，名醋馏白菜。或微搭健，名“金边白菜”。西安厨人作法最妙，京师厨人不及也。白菜汤虽不能作名菜之汤，总以白水漫火煮为第一法。大凡一切菜蔬，或炒或煮，用生者其味乃全，瀹过则味减矣，不可不知。

【译文】

菘，也就是我们常说的白菜，是蔬菜之王，不是其他蔬菜可比的。生的白菜洗干净，然后根据情况加入盐、酒，在锅中焖烂，是最经典的做法。也可以选取一些白菜内里的嫩菜心，用刀横着切好放入盘中，将香油、酱油、醋放在锅里烧开，再浇在嫩菜心上，记住浇的次数不用太多，只需两三次即可，这样做的白菜味道十分清脆，称之为“瓦口白菜”。还可以把白菜洗净后，把水分控干，放入油锅里炒，再加入料酒、酱油一起炖，味道香浓。另外一种做法是，选取嫩白菜切片后，用猛火滚油炒，加入醋、酱油起锅，叫作醋溜白菜。或者，又可以稍微勾点芡，叫作“金边白菜”。西安的厨师最擅长做白菜，远比京师的厨师做得好。白菜汤虽不能做各种菜的高汤，都是以白水小火慢炖作为主要烹饪方法。我们要搞清楚的一点就是，做蔬菜，不论是炒还是煮，用生菜直接制作能保全菜的全部味道，如果煮得太过，味道就不好了。

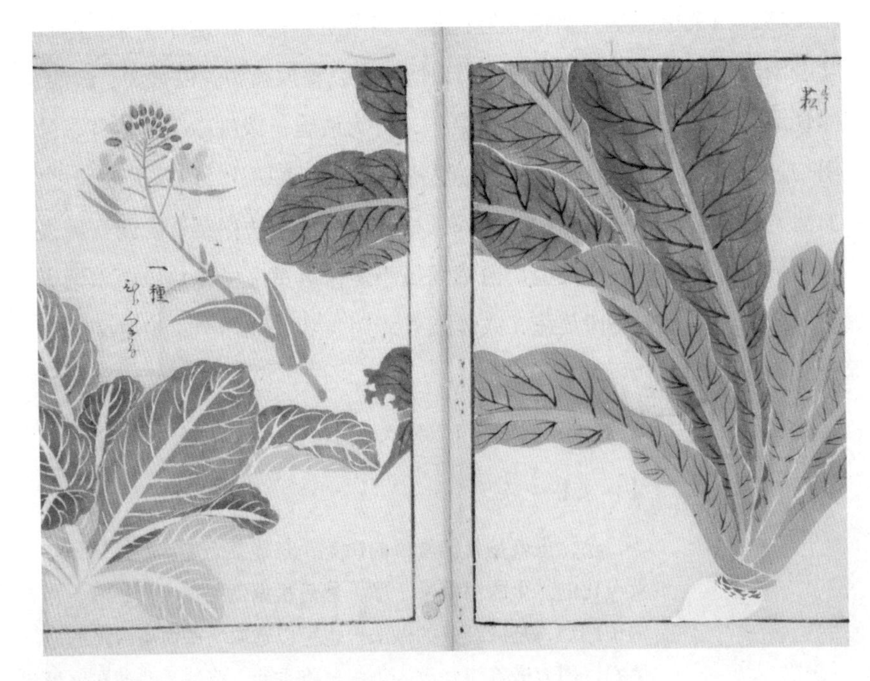

菘

选自《本草图谱》　[日]岩崎灌园　收藏于日本东京国立国会图书馆

“桑下春蔬绿满畦，菘心青嫩芥苔肥。”（《春日田园杂兴》）

山东白菜

白菜切长方块，以香油炒过，加酱油、陈醋闷烂，不加水，浓厚爽口，热冷食毕佳。济南饭馆此菜甚得法，故名。

【译文】

把白菜切成长方块，用香油炒，随后加入酱油、陈醋将白菜焖烂，不需要放水，口感浓厚清爽，无论是冷着吃，还是热着吃，都是非常好吃的。山东济南的饭店做这道菜很有名，所以这道菜叫作“山东白菜”。

卖白菜

选自《清国京城市景风俗图》册 （清）佚名 收藏于法国国家图书馆

清代女诗人张印曾为山东白菜写诗。《食山东白菜》：“我本秦中女，复于京华长。每觉风雪天，此味口最爽。一自到南中，三餐蛤与蚌。腥臊辄欲呕，当筵失俯仰。虽有永福产，筋多嫌刺嗓。晨起客叩门，来自青齐壤。贻我凡十株，磊落堆盆盎。我喜过所望，有似太牢飨。急授庖人术，唤集儿女赏。万羊耻过分，五鼎非夙想。但得咬菜根，从此谢尘鞅。”

白菜
选自《中国清代外销画·植物花鸟》

油白菜

拣取嫩心，以醋熘白菜法作之，甚佳。其老者以油炸之，加高汤、料酒、酱油煨烂，甚滑美。

【译文】

油白菜选取菜的嫩心，然后按照醋熘白菜的做法来做，味道很美。老菜叶单挑出来，油炸以后，加入高汤、料酒、酱油煨烂，这样的做法使得油白菜口感爽滑。

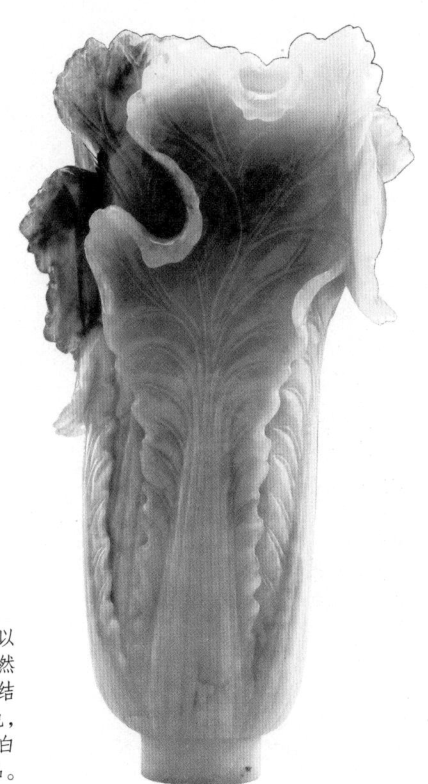

清代翠玉白菜

高18.7厘米，整器以翠玉精雕而成，将自然之美与人工之美完美结合。它利用玉石的本色，经过精细加工，形成白菜形的玉器，形似真品。

烧莱菔

莱菔切小拐刀块，水莱菔最佳。以香油炸透，再以酱油炙之，搭健起锅，甚腴美。

【译文】

把莱菔切成切小的拐刀块，水莱菔最好。用香油把莱菔炸透，再加入酱油烤。勾芡之后收汁起锅，味道很不错。

莱菔

选自《本草图谱》 ［日］岩崎灌园 收藏于日本东京国立国会图书馆

莱菔就是萝卜。唐代《食疗本草》中记载："利五脏，轻身益气。根消食下气，甚利关节，除五脏中风，练五脏中恶气，服之令人白净肌细。"

烧钮子莱菔

此莱菔来自甘肃，如龙眼核大，甚匀圆，用囫囵个，以前法作之，尤脆美。

【译文】

这种钮子莱菔产自甘肃，跟龙眼核那么大，形状浑圆，大小均匀，不用切开，就拿整个的用上面的方法烹制，又脆又好吃。

萝卜
选自《本草图谱》 ［日］岩崎灌园 收藏于日本东京国立国会图书馆

芜菁
选自《庶物类纂图翼》日本江户时期绘本 ［日］户田祐之 收藏于日本内阁文库

菜　花

菜花，京师菜肆有卖者。众蕊攒族如毬，有大有小，名曰菜花。或炒，或煨，或搭縺炒，无不脆美，蔬中之上品也。

【译文】

菜花这种蔬菜，京师的菜店有卖的。众多的花蕊像毬子一样团簇在一起，有大有小，叫作菜花。可以炒，可以煮，也可以用火炒完后勾芡，口感都很脆嫩，菜花属于蔬菜中的上品。

莱菔圆

用京师扁莱菔、陕西天红弹莱菔，无则他莱菔亦可用。切片，煮烂，揉碎，加入姜、盐、豆粉为丸。糁以豆粉，入猛火油锅炸之，搭健起锅，甚脆美。

【译文】

做莱菔圆要用京师的扁莱菔、陕西天红弹莱菔，如果实在买不到这两种莱菔，别的品种也可以买来用。把这些菜菔切成片，煮烂后捣碎，加入姜、盐、豆粉，做成丸子的形状。再把丸子裹上豆粉，放进猛火烧开的油锅里炸，勾芡后出锅，非常爽脆可口。

苔子菜①

即嫩芜菁苗，以油炒过，加高汤、盐、料酒煨之，甚清永。

【注释】

① 苔子菜：书上指为嫩芜菁苗，恐误。芜菁苗是可以吃的，但是味道不怎么好。现在有一种菜苔，有青绿色和红紫色两种，是芸菜苔的嫩茎。书中所指可能是这种菜。

【译文】

苔子菜也就是嫩芜菁苗，用油炒过之后，在锅中加入高汤、盐、料酒，煨熟后食用，菜香非常清香持久。

芹　黄①

芹黄以秦中②为佳，他处不及也。切段，以香油同豆腐干丝炒之，甚佳，止炒芹黄亦佳。或切段以水瀹之，盐、醋、香油拌食，尤为清脆。

【注释】

① 芹黄：芹菜长大后，以培土或麦秆包裹、纸卷等方法使之黄嫩，称作芹黄。芹黄是每棵芹菜中间分量不多的嫩心，是芹菜中的精华，略带黄色，因此得名。也可在温室软化。

② 秦中：指今陕西中部平原地区。

【译文】

芹黄以陕西种植的最好，其他地方的都不如。把它切成段，和豆腐干丝一起伴着香油炒，很美味。不加其他配菜，单炒芹黄也不错。还有一种做法，就是把芹黄切成段，放在水里氽一下，然后加入盐、醋、香油拌着吃，非常清脆。

苋　菜

有红、绿二种。摘取嫩尖，以香油炒过，加高汤煨之。

【译文】

苋菜有两种，一种是红色的，一种是绿色的。摘取苋菜的嫩尖，用香油炒了之后加入高汤煨熟。

芥圪塔[1]

即芥菜根。切薄片，以滚水微瀹。放净坛中，加入煮烂黄豆、生莱菔丝，酌加盐，封严。二三日取开，可食，甚辛烈。

【注释】

① 芥圪塔：即芥菜的块状根茎，有的地方也叫“大头菜”。

【译文】

芥圪塔就是芥菜根。把它切成薄片后，用开水稍微煮一下。取出芥圪塔，放在干净的坛子里，加入煮烂的黄豆和生菜菔丝，再加入一定量的盐，坛口封严。这样存放两三天以后就可以食用，味道非常辛辣。

芥　蓝[1]

京师呼为擻拉，秦中呼为怯列，皆芥蓝之转音也。切薄片，或切丝，以烧滚酱油、醋淬之，覆以碗。少顷，将酱油、醋倾出，再淬二三次。柔软而脆，殊为可口。

【注释】

① 芥蓝：擻拉，又叫苤蓝，是球茎甘蓝的块茎，是十字花科芸苔属一年生草本植物，叶盐腌供食用；种子及全草供药用，能化痰平喘、消肿止痛；种子磨粉称芥末，为调味料。

【译文】

在京师，人们把芥蓝称为“撇拉”，而在陕西中部地区芥蓝被称为“怯列”，这其实是芥蓝的不同读法。把它切成薄片或丝，再把酱油和醋烧滚了，浇在薄片或丝上面，用碗盖住。过一会儿将酱油和醋倒出来，就这样反复两三次。吃起来软嫩爽脆，非常可口。

荠　菜

荠菜为野蔌上品，煮粥作斋，特为清永。以油炒之，颇清腴，再加水煨尤佳。荠菜以开红花叶深绿者为真，其与芥菜相似。叶微白，开白花者为白荠，不中食也。

【译文】

荠菜是野菜中的上品，无论是做粥还是做素菜都很清永。把荠菜用油炒了吃，口感清爽柔软，然后再加水后煨熟更好。真正可食的荠菜开的是红花，叶子是深绿的，荠菜长得跟芥菜差不多。菜叶稍稍有点白，开白花的是白荠，白荠是不能吃的。

▶《荠菜图》

选自《本草图谱》　［日］岩崎灌园　收藏于日本东京国立国会图书馆

唐代大宦官高力士曾作《感巫州荠菜》：“两京作斤卖，五溪无人采。夷夏虽有殊，气味都不改。”

雪里燕炒百合

咸雪里燕，切极小丁，以香油炒之，再入择净百合同炒，略加水，俟其软美可食，即起锅。此菜用盐，不用酱油。

【译文】

把咸雪里燕切成小丁，用香油来炒，再把百合洗干净，放入一起炒，稍加水，炒至熟软后就可以盛出了。这道菜只放盐不放酱油。

菠　菜

入水内加盐、醋闷烂，菜甚软美，汤下饭尤佳也。或瀹过加浸软豆腐皮，以芝麻酱、盐、醋同办，尤爽口。

【译文】

把菠菜放在水里加入盐、醋，焖烂，又软又嫩，汤汁用来拌饭更好吃。也可以把菠菜焯了以后，加一点泡软的豆腐皮（此处所说疑为北方的油豆皮），用芝麻酱、盐、醋一起拌着吃，非常爽口。

洋菠菜①

与内地菠菜颇不相似，性坚韧，香油炒过，再以水煨极烂，亦滑美。

【注释】

① 洋菠菜：学名“番杏”，属番杏科，多年生草本，与菠菜不同科属。传入我国时间不久。全草入药。

【译文】

洋菠菜跟内地的菠菜很不一样，性质坚韧，用香油炒过以后，再用水煨到极烂的地步，口感非常爽滑。

同　蒿

以水瀹过，香油、盐、醋拌食，甚佳。以香油炒食，亦鲜美。

【译文】

同蒿其实就是茼蒿。茼蒿用水焯过一下后，用香油、盐、醋拌着吃，很美味。同时，茼蒿用香油炒着吃，味道也很美味。

榆　荚

嫩榆钱，拣去葩蒂，以酱油、料酒得汤，颇有清味。有和面蒸作糕饵或麦饭者，亦佳。秦人以菜蔬和干面加油、盐拌匀蒸食，名曰麦饭。香油须多加，不然，不腴美也。麦饭以朱藤花、楮穗、邪蒿、因陈、同蒿、嫩苜蓿、嫩香苜蓿为最上，余可作麦饭者亦多，均不及此数种也。

【译文】

去掉嫩榆钱的杂质和蒂，用酱油、料酒煮着吃，味道清美。有人把它放在面里做成蒸糕或者做成麦饭，也是很好吃的。陕西人拿一些蔬菜放在面里，加油、盐，搅拌均匀后，蒸着吃，这就是麦饭。有一点要说的是，香油要多放，要不然就不好吃。做麦饭首选朱藤花、楮穗、邪蒿、茵陈、茼蒿、嫩苜蓿、嫩香苜蓿这些配料，还有一些蔬菜也是可以用来做麦饭的，但是都不如这几种好。

银条菜①

其状细长而白，与草石蚕一类。入滚水微瀹，加香油、盐、醋食之，甚清脆。以酱油、醋烹之，亦可。不宜煨烂，烂则风味减矣。其老者高汤煨烂，亦颇软美。草石蚕②，一名滴露子，作法仿此。

【注释】

① 银条菜：又名地灵、草石蚕、罗汉菜、螺丝菜等，主食地下块茎、肉质脆嫩，无纤维，可盐渍、酱制、凉拌等，风味独特，营养丰富。

② 草石蚕：一般指甘露子，是唇形科水苏属植物。

【译文】

银条菜的样子是细长的，白色，跟草石蚕属同一类菜。放在开水里稍微煮一下，拌上香油、盐、醋食用，十分清脆好吃。也可以用酱油和醋烹一下，但是这种菜不适合炖烂，因为炖烂了其口感和风味俱失。老一点的银条菜可以加入高汤煨烂，也还可口。草石蚕又称滴露子，加工方法和这个一样。

椿、白椿

椿、樗[1]、栲[2]，同类异种。有花无荚，嫩叶绿而红，甚香可食，俗名香椿头，此为椿。嫩叶色红似椿，有花有荚，不中食，名曰臭椿，此为樗。叶绿不红，有花无荚，可食，名曰白椿，此为栲。香椿以开水淬过，用香油、盐拌食，甚佳。或以香油与豆腐同拌，亦佳。白椿瀹过，以油、盐拌食，尤清香而腴。均不宜醋。

【注释】

① 樗（chū）：即臭椿。

② 栲（kǎo）：山毛榉科植物。

【译文】

椿、樗、栲是同类但不同种。如果是开花的，但是没有荚，嫩叶绿中带红，味道很清香，可以食用，俗名叫作香椿头，就是椿。如果嫩叶是红色的，看着像椿叶，但是有花有荚，不能吃，那就是臭椿，学名叫作樗。叶子呈绿色且没有红色，有花有荚，可以吃，名叫白椿，这就是栲。把香椿用开水煮了，再用香油、盐拌着吃，味道很好。也可以用香油和豆腐拌着吃，味道也很好。白椿煮过以后，加入油、盐拌着吃，更加清香美味。都不适合放醋。

石　芥[①]

出终南山，以寻常作齑[②]法为之，甚酸甚辛。以香油、盐拌食，其爽口醒脾，一切辛酸之菜，俱出其下。

【注释】

① 石芥：石蕊的别名。宋陆游《戏咏山家食品》："旧知石芥真尤物，晚得蒌蒿又一家。"参阅明李时珍《本草纲目·草十·石蕊》。

② 齑（jī）：切碎的腌菜或酱菜。

【译文】

石芥产自终南山，如果用平常做酱菜的方法制作，味道又酸又辣。用香油、盐拌着吃，非常爽口醒脾，所有酸辣菜都比不过它。

龙头菜

此益母草嫩苗，京师天坛内甚多。以香油、酱油、料酒炒之，甚清脆也。

【译文】

龙头菜是益母草的嫩苗，京师天坛里非常多。用香油、酱油、料酒一起炒了食用，非常清脆。

蒌蒿

生水边,其根春日可食。以酱油、醋炒之,清脆而香,殊有山家风味也。

【译文】

蒌蒿生长在水边，春天蒌蒿的根部可以吃。在锅中加入酱油、醋炒着吃，清脆可口，很有农家风味。

洋生姜[①]

形颇似姜，殊无姜味。香油炒食，亦颇脆美。整个盐腌，随时切食，佐饭亦佳。

【注释】

① 洋生姜：也叫洋姜、菊芋、鬼子姜，是一种多年生宿根性草本植物。

【译文】

洋生姜的样子很像姜，但是并没有姜的味道。把洋生姜用香油炒过以后吃，非常脆美。把整个的洋生姜用盐腌过，随时切着吃，配饭吃也很美味。

倭瓜圆

去皮瓤，蒸烂，揉碎，加姜、盐、粉面作丸子，楪以豆粉，入猛火油炸之，搭芡起锅，甚甘美。

【译文】

把倭瓜的瓤去掉，蒸熟之后，捣碎，再加入姜、盐、粉面，揉搓成丸子，裹上豆粉，放入锅中开大火炸，勾芡后出锅，味道甜美。

丝　瓜

嫩者切片，以香油、酱油炒食。或以水瀹过，香油、醋拌食，均佳。同冬菜、春菜得汤浇饭，为尤佳也。

【译文】

挑一些嫩的丝瓜，切片，用香油和酱油一起炒着吃。或者用水把丝瓜煮过，拌上香油和醋，吃着都不错。如果把丝瓜和冬菜、春菜炖成汤，浇在饭上吃，口感更好。

胡　瓜①

嫩者拍小块，以酱油、醋、香油沃之，或同面筋或豆腐拌食，均脆美。以冬菜或春菜得汤，风味尤佳。

【注释】

① 胡瓜：即黄瓜。

【译文】

把鲜嫩的胡瓜拍成小块，用酱油、醋、香油拌凉菜，或者和面筋、豆腐拌凉菜，味道都很香脆鲜美。如果胡瓜和冬菜或者春菜一起炖汤，味道更好。

胡瓜

胡瓜

选自《金石昆虫草木状》（明）文俶 收藏于中国台北“中央图书馆”

唐朝中期，唐德宗决心削藩，导致藩镇叛乱。建中四年，都城长安失陷，唐德宗逃往奉天（今陕西乾县），一路上颠沛流离，但幸好有百姓进献瓜果。唐德宗非常高兴，“累路百姓进献果子胡瓜等，虽甚微细，且有此心，今拟各与散试官，卿宜商量可否者。”

南　瓜

微似倭瓜而色白，无磊砢[①]。京师名曰南瓜，陕西名曰损瓜。京师形圆，陕西形稍长。此瓜多不喜食。然切为细丝，以香油、酱油、糖、醋烹之，殊为可口。其老者去皮切块，油炒过，酱油煨熟，亦甚佳也。

【注释】

① 磊砢：亦作“磊坷”“磥砢”，众多貌。司马相如《文选·上林赋》：“蜀石黄碝，水玉磊砢。”郭璞注：“磊砢，魁礨貌也。”吕向注：“磊砢，相委积貌。”一本作“磊珂”。

【译文】

南瓜的形状有点像倭瓜，但是颜色偏白，没有南瓜的瓜棱，表面较光滑。京师叫南瓜，陕西叫损瓜。京师的南瓜圆形居多，陕西的稍微长一些。这种南瓜很多人并不喜欢吃。然而把它切丝，用香油、酱油、糖、醋一起炒了吃，还是十分可口的。老一点的南瓜把皮削掉，然后切块，用油炒过，加酱油煨熟，也非常美味。

搅　瓜[①]

瓜成熟，放僻静处，至冷冻时，洗净。连皮蒸熟。割去有蒂处，灌入酱油、醋，以箸搅之，其丝即缠箸上，借箸力抽出，与粉条甚相似。再加香油伴食，甚脆美。秦中有此种。

【注释】

① 搅瓜：又叫搅丝瓜。《植物名实图考》："搅丝瓜生直隶，花叶俱如南瓜，瓜长尺余，色黄，瓤亦淡黄，自然成丝，宛如刀切。以箸搅取，油盐调食，味似撇兰。"

【译文】

搅瓜熟了之后，放在僻静的地方，到冷冻的时候，把搅瓜洗净，连皮蒸熟。然后从瓜蒂的部位切开，往里面灌入酱油和醋，用筷子搅动，尽量让丝缠在筷子上，等到丝缠到筷子上之后，用筷子把丝扯出来。这些丝的形状和粉条很像，如果拌着香油吃，十分脆美。陕西中部出产这种瓜。

壶　卢①

壶卢味淡不中食，切长方块，入油锅炸过，以酱油、酒煨之，颇佳。余馆惠菱舫都转②家，其厨人如此作。

【注释】

① 壶卢：即葫芦。

② 都转：清官名别称，即都转盐运使。

【译文】

葫芦的味道是淡的，口感不好。将葫芦切成长方形的块，放在油锅里炸，炸完取出，再用酱油和酒一起煨熟，味道很不错。我曾经在惠菱舫盐运使家里，他们家的厨师就是这样做葫芦的。

蒸山药

刮去皮，切长方块，或不切，放盘中，以白纸覆于其上蒸之。蒸烂，糁[1]糖食，甘腴而有清芬，嘉蔬也。不覆以纸，则蒸露下渍，山药之色变矣。

【注释】

① 糁（shēn）：一读 sǎn，此处意同“掺”。

【译文】

把山药的皮刮去，切成长方形的块，不切也可以。放在盘中，用白纸盖上，上锅蒸直到蒸烂，取出后，拌着糖吃，味道甘美丰腴，还有清香的味道，真是一道有营养的好菜啊！有一点需要注意的是，如果蒸的时候，上面没有纸盖着，笼屉里的水蒸气就会落在山药上，这样的话，山药就变色了。

炸山药、咸蒸山药

切块，按五分厚、一寸宽长，以豆腐皮包之，外缠以面糊，以油炸之。此即《随园》所谓素烧鹅也。再如前法炸过，饤[1]碗加汤蒸之，亦软美。

【注释】

① 饤（dìng）：旧时指的是堆叠在器皿中的蔬果。

【译文】

把山药切成五分厚、一寸宽的方块，用豆腐皮包起来，在豆腐皮的外面裹上面糊，放入油中炸。这种做法就是《随园食单》里的“素烧鹅”。按照这种方法炸过以后，叠放在碗里蒸过，也很美味。

拔丝山药

去皮，切拐刀块，以油灼之，加入调好冰糖起锅，即有长丝。但以白糖炒之，则无丝也。京师庖人喜为之。

【译文】

把山药的皮去掉，切成滚刀块，过油炸一下，再加入调好的冰糖，起锅时就有了长丝。如果用的是白砂糖炒，就不会有拔丝了。京师的厨师喜欢做这道菜。

山药饕[1]

山药去皮煮熟，捣碎，钉碗内，实以澄沙，入笼蒸透，翻碗，再加糖。

【注释】

① 饕（ní）：带骨的肉酱。

【译文】

把山药的皮去掉，然后煮熟整个山药，捣碎后放在碗里，再把细细的豆沙滤后，装在山药之上，放在笼屉里蒸熟，把碗倒扣起来，再加糖。

山　芋[1]

古称蹲鸱[2]，今谓马铃薯，秦中名曰羊芋，□□□□，再以酱油烹之，加汤煨熟，至腴美也。

【注释】

① 山芋（yù）：指马铃薯（土豆），今作甘薯的俗称。

② 蹲鸱（chī）：古时叫芋头，或者是对芋艿（nǎi）的称呼。

【译文】

山芋古称蹲鸱，现在人们普遍称之为马铃薯，在陕西，山芋被叫作洋芋，……如果用酱油烹熟，加水煨熟，非常美味。

山芋圆

山芋去皮蒸熟，以木杵臼捣之，愈捣愈粘。捣成，加盐及姜米丸之，朴以粉面，以猛火溜炸之，搭芡起锅。或不搭芡即可。

【译文】

把山芋的皮去掉，然后蒸熟，用木杵捣碎，越捣就越黏，捣碎之后加点盐和姜粒，做成丸子，裹上面粉，上猛火炸，勾芡后起锅。不勾芡也可以。

红　薯

京师名曰白薯，即蕃薯。去皮切片，以醋馏法炒之，甚脆美也。京师素筵，每以白薯切片，或切丝入溜锅炸透，加白糖收之，甚甘而脆。

【译文】

京师把红薯叫作白薯，就是番薯。将红薯削皮切片后，用的加工方法是加醋溜炒，特别好吃美味。在京师的素菜筵席上，也可以先将红薯切成细丝，再倒进锅里炸透，加入白糖后出锅，甜脆可口。

甘薯

选自《本草图谱》　［日］岩崎灌园　收藏于日本东京国立国会图书馆

明代诗人卢若腾作《番薯谣》："番薯种自番邦来，功均粒食亦奇哉；岛人充飧兼酿酒，奴视山药与芋魁。根蔓茎叶皆可啖，岁凶直能救天灾；奈何苦岁又苦兵，遍地薯空不留荄。岛人泣诉主将前，反嗔细事浪喧豗；加之责罚罄其财，万家饥死孰肯哀！呜呼！万家饥死孰肯哀！"

茄　子

削去皮，横切厚片，一面劈斗方纹，一面不劈。香溜灼过，以水加盐闷之，不用酱油，甚腴美也。

【译文】

将茄子削掉外皮，用刀横切成厚片，一面用刀划成菱形方纹，另一面不用划。大火将锅烧热，然后滑过凉油，溜炒过后加盐焖成熟透，不用放酱油，美味极了。

慈　姑

味涩而燥，以木炭灰水煮熟，漂以清水则软美可食。

【注释】

① 慈姑：是泽泻科多年生草木植物，原产中国，地下球茎可食用。

【译文】

慈姑味道苦涩而且比较燥，用加入木炭灰的水煮熟以后，再用清水把它洗干净就能吃了，柔软可口。

馏荸荠

荸荠煮熟去皮，整个缠以粉糊，猛火溜炸之，搭芡起锅，甚脆美。

【译文】

将荸荠煮熟后去掉外皮，整个荸荠包裹上粉糊，猛火溜炸，勾芡后起锅，非常清脆美味。

炒荸荠

煮熟去皮切片，与腌芥菜丁同炒，甚清脆。

【译文】

将荸荠煮熟以后去皮切成片状，和腌过的芥菜丁一同炒，特别清脆。

荸荠圆

煮熟去皮，捣极碎，加盐及姜末丸之，入猛火溜锅炸透，搭芡起锅，外脆而里软美，有佳致也。

【译文】

荸荠煮熟后去掉外皮，捣到特别碎，再加入盐和姜末，搓成丸子，在猛火里滑锅炸到熟透，勾芡后出锅。外酥脆而里软美，味道好极了。

茭　白

菰俗名茭白。切拐刀块，以开水瀹过，加酱油、醋食，殊有水乡风味。切拐刀块，以高汤加盐、料酒煨之，亦清腴。切芡刀块，以油灼之，搭芡起锅，亦脆美。

【译文】

菰，俗称茭白。将它斜刀切成厚片，用开水焯一下，加入酱油、醋凉拌，很有水乡风味。也可以斜切大块，倒入高汤，加盐、料酒一起小火煨煮熟，也很清爽丰腴。切成薄的芡刀块，用热油淋过，勾芡后起锅，非常爽脆可口。

芋 头

以酱油、醋、酒闷烂，或蒸熟蘸糖，亦可备素蔬一种，然味淡质粘，非佳品也。

【译文】

芋头加入酱油、醋、酒焖烂，或者把它蒸熟，然后蘸着糖吃，非常好吃。也可以把芋头当做一

芋头

选自《庶物类纂图翼》 日本江户时期绘本 ［日］户田祐之

收藏于日本内阁文库

芋头

（清）边寿民

《随园食单·卷三·杂素菜单·芋羹》载：“芋性柔腻，入荤入素俱可。或切碎作鸭羹，或煨肉，或同豆腐加酱水煨。徐兆璜明府家，选小芋子入嫩鸡煨汤，妙极！惜其制法未传。大抵只用佐料，不用水。”

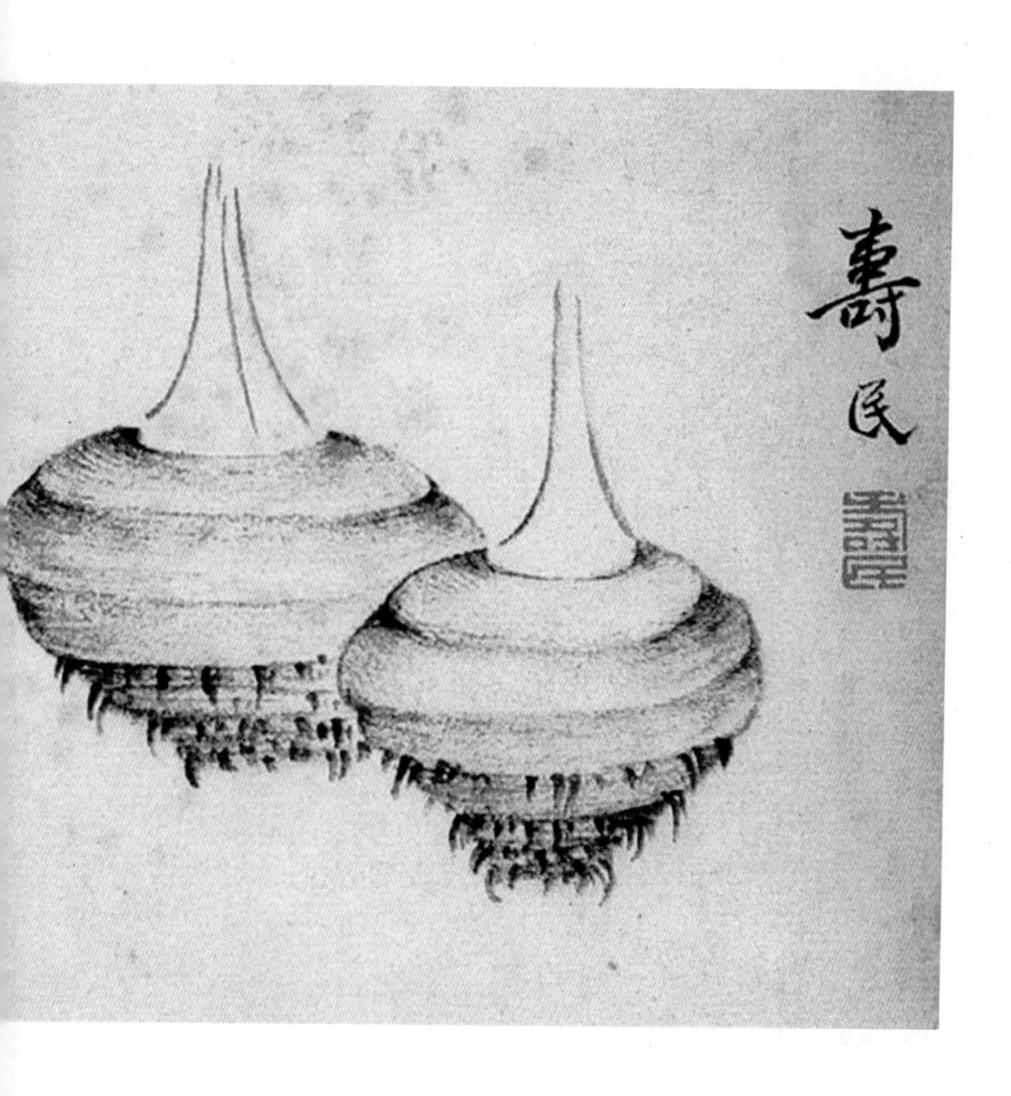
壽民

种素菜吃，但是味道很淡，吃起来是黏糊糊的，从口感上来说就不算上好的菜品。

烧冬笋

冬笋惟以本汤煨之，最为清永。次则切拐刀块，以油灼之，搭芡起锅，为脆美也。余作法甚多，大概与他物配搭，不赘述。

【译文】

冬笋必须用泡冬笋的原汁原味的水去小火慢煮，才最清香爽口。再一个就是将冬笋斜刀切成条块，用油煎一下，勾芡后起锅，非常脆口美味。我还有很多其他的做法，大都是和其他菜搭配炖或炒，在这里就不展开叙述了。

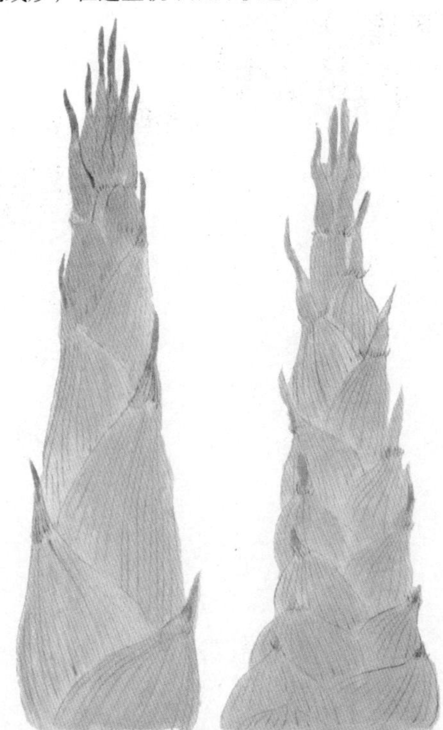

笋

选自《本草图谱》　［日］岩崎灌园　收藏于日本东京国立国会图书馆

清代诗人谢道承曾作《冬笋》："苍岩郁寒姿，先雷蓄孤劲。砯崖冻壑中，气盛萌欲进。譬诸君子心，虚直含至性。胚胎何坚贞，节目自苞孕。长镵雪外携，斸取雪没胫。清幽兰比德，洁白玉同莹。品格远膏腴，烹饪戒饾饤。莫嫌滋味薄，能使襟怀净。试看山林人，萧然袪俗病。"

小豆腐

毛豆角，去荚取豆，捣碎，以高汤煨熟，微搭芡起锅，甚鲜嫩。

【译文】

剥开毛豆角的豆荚，将其中的豆子取出来，捣碎，再倒进高汤煮熟，稍微勾芡后起锅，特别新鲜软嫩。

嫩黄豆

从荚中取出豆，以高汤与豆腐丁同煨。或与发开葛仙米同煨。或单煨黄豆，均软美。

【译文】

将豆子从豆荚中取出来，加进高汤和豆腐丁一起煮熟。也可与泡发开的葛仙米一同煮熟。还可单独煮，无论是混合煮还是单独煮都很绵软美味。

掐　菜

绿豆芽，拣去根须及豆，名曰掐菜。此菜虽嫩脆，然火候愈久愈佳。不惟掐菜松脆，菜汤亦大佳也。

【译文】

将长出叶子的绿豆芽的根须和豆子都去掉，就成了掐菜。掐菜虽然脆嫩无比，却炖的时间越长越好。这样出锅后不仅掐菜又松又脆，菜汤也很美味。

炒鲜蚕豆

鲜蚕豆，去荚，更剥去内皮，以香油炒熟，微搭芡起锅，甚鲜美。

【译文】

新鲜的蚕豆去掉豆荚，再将里面的皮剥去，过香油炒熟，稍稍勾芡后起锅，格外新鲜美味。

炒干蚕豆

浸软，剥去皮，以香油与冬菜或荠菜同炒，或止蚕豆，均佳。

【译文】

干蚕豆泡软后，剥掉外皮，与香油和冬菜或荠菜炒在一块，也可以单独炒着吃，无论混炒还是单炒都不错。

蚕豆羹

煮过汤之蚕豆，压碎，以白糖加水炒，甚甘美。或不炒，以糖拌匀亦佳，可冷食。

【译文】

先将蚕豆用水煮过，再把它压碎，加点白糖和水后炒着吃，甜甜蜜蜜，美味至极。如果不炒的话，用糖拌着吃也很好，可以冷着吃。

蚕豆

选自《本草图谱》

［日］岩崎灌园

收藏于日本东京国立国会图书馆

白扁豆鬆

白扁豆，浸软，去皮，煮熟，研碎，入香油炒透，以白糖加水收之，甘美腴厚。

【译文】

将白扁豆泡软再去皮，煮熟后磨碎，加入香油炒熟，用白糖加水后收汁起锅，口感甘甜、丰美、醇厚。

洋薏米

洋薏米亦似中国之薏米，惟颗粒小耳。然其腴嫩，非中国薏米可及也。浸软，煮熟，再加糖煨之，甘腴无伦。

【译文】

洋薏米和国产薏米很像，仅颗粒小一点罢了。但是洋薏米的肉却鲜嫩丰腴，这一点是国产薏米不能比的。将洋薏米泡软后煮熟，再放入糖小火熬煮收汤，醇厚香甜得无与伦比。

豇　豆

秦中豇豆有二种。一曰铁杆豇豆，宜瀹熟，以酱油、醋、芝麻酱拌食，甚脆美。一曰面豇豆，稍肥大，以香油、酱油闷熟，味甚厚，以其面气大也。

【译文】

陕西的豇豆有两个品种，一种称作铁杆豇豆，滚水焯熟以后，用酱油、醋、芝麻酱拌着吃，特别清脆爽口；另一种叫作面豇豆，比铁杆豇豆稍肥大一些，可以用香油、酱油焖熟，味道也很厚重浓郁，这是由于面豇豆面气（纤维少并且柔软）大一点的缘故。

刀豆、洋刀豆、扁豆①

刀豆，一名四季豆。摘嫩荚，去其两边之硬丝，切段，以酱油炒熟。或以水瀹，加酱油食、香油闷熟食均佳。若与豆腐烩汤亦美。洋刀豆、扁豆照作。

【注释】

① 刀豆、洋刀豆、扁豆：书中所指刀豆就是四季豆（菜豆），实际上洋刀豆才是四季豆。

【译文】

刀豆又名四季豆。采摘比较嫩的刀豆，将豆荚两边的硬丝去掉，再切成一段一段的，接着炒熟它，炒的时候要用酱油。也可以用水煮熟，再加酱油吃，也可以用香油扣紧锅盖焖熟食用，都很好。将刀豆与豆腐一起煲汤很美味。洋刀豆、扁豆都可以参照刀豆的做法制作。

嫩豌豆

去荚，以冬菜，或春菜，或豆腐丁同得，均佳。稍老则以盐、姜米加水煨熟，尤腴美。

【译文】

将嫩豌豆去掉豆荚，和一些配料一同烧烤，比如可用冬菜或是春菜再或豆腐丁一起炒，都很好吃。豌豆如果老一点，就用盐、姜米加水后慢火煨熟，更加美味。

百　合

去皮、尖及根，置盘中，加白糖蒸熟，甚甘腴。不宜煮，煮则味薄，粉气全无矣。秦中百合甚佳，京师百合味苦，不中食。

【译文】

将百合去掉外皮、尖部和根部，放在盘里，加上白糖蒸熟，特别甘甜肥软。切记百合不要煮，会冲淡它的味道，它独特的粉糯香甜就荡然无存了。百合以陕西出产的为最好，京师的百合口味有些苦涩，不好吃。

▶ 百合

选自《本草图谱》　［日］岩崎灌园

收藏于日本东京国立国会图书馆

藕

切片以糖蘸食，最佳。以水瀹过，盐、醋、姜末沃之，尤为清脆。或炒或煮，均失清芬。

【译文】

将藕切片后蘸着糖吃，是最好吃不过了。也可以用水氽熟，浇上盐、醋、姜末，特别脆口清爽。但如果炒或者煮，就会损失芳香和清爽的独特口感。

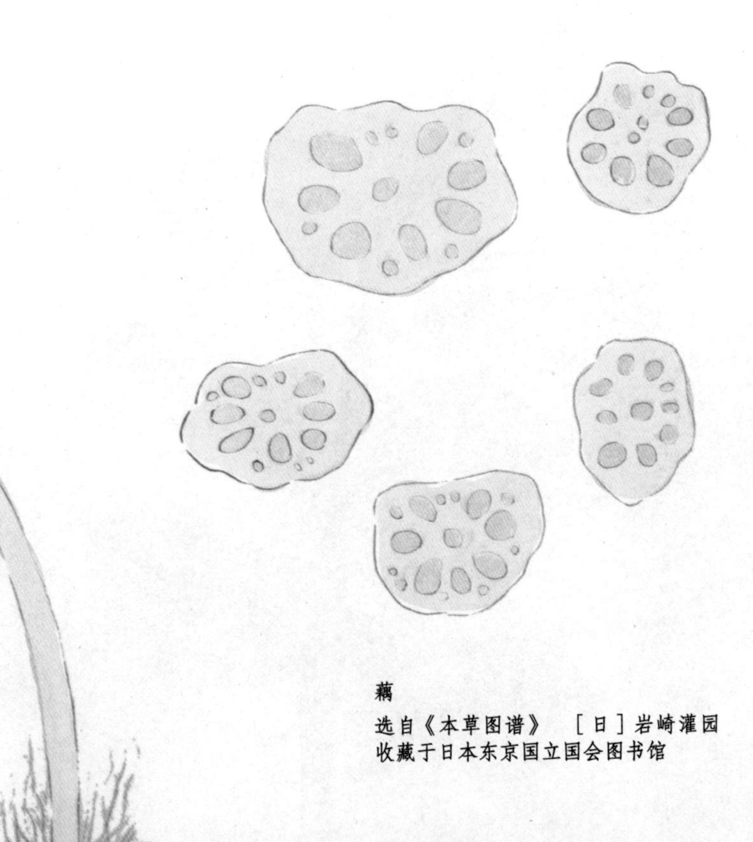

藕
选自《本草图谱》　［日］岩崎灌园
收藏于日本东京国立国会图书馆

藕　圆

藕煮熟切碎，与煮熟糯米同捣粘，作成丸子，以油加糖水煨之，略搭缱起锅，颇甘腴。荸荠亦可照作，惟用粉不用糯米耳。

【译文】

将藕煮熟后切成碎末，再加入煮熟的糯米，把这两种食材一起捣成黏糊状，制作成丸子。再用油炸过丸子，炸完以后再加糖水煮熟，稍微勾芡后出锅，特别甘甜肥美。荸荠也能照这个方法制作，但配料是淀粉而不是糯米。

煮莲子

莲子以开水浸软，去皮心。再以开水煮烂，加冰糖或白糖食之，加糖渍黄木樨少许，尤清芬扑鼻也。莲子始终不敢见生水，见生水则还元，生硬不能食矣。

【译文】

先将莲子用开水泡软，将皮和心去掉。再用开水把它煮烂，加入冰糖或白糖食用，若再加上一点糖渍的黄木樨，就会特别芳香、清爽，味道会扑面而来。需要注意的是，莲子自始至终不能用生水，万一碰触到生水，莲子就会变得跟煮之前一样生硬，生硬就不可以再吃了。

蜜炙莲子

莲子煮熟如前法，晾干水气。以蜜、白糖加水和匀炙之，浪即起锅，甚甜浓。刘心斋中书[①]喜为之。

【注释】

① 中书：中国古代文官官职名。清代沿明制，于内阁置中书若干人，位阶约为从七品。中书职能通常为辅佐主官，为基层官员编制之一。

【译文】

将莲子用上述方法煮熟，晾干水分。用蜜、白糖加水拌匀炒制，滚汤就出锅，甜味十足。刘心斋中书喜好这样做着吃。

蜜炙栗

栗子煮熟，去内外皮，以蜜糖炙之。如炙莲子法，甘美无似。亦心斋中书法。

【译文】

将栗子煮得熟透，再去下外壳和内皮，用蜜、糖一起炒制，如炙莲子法，味道甜美，无与伦比。这也是刘心斋中书的制作方法。

银 杏

俗名白果。敲去外皮，煮五成熟，去内皮，换水熟。或甜食，或咸食，均腴而腻，不甜俗也。

【译文】

银杏俗称白果。将银杏去掉外皮，煮到五成熟，把内皮取下，换新水再去将它煮熟。无论蘸糖吃还是蘸盐吃，都很厚软细腻，不是普通的甜品。

银杏
选自《本草图谱》
[日]岩崎灌园 收藏于日本东京国立国会图书馆

金玉羹

山药、栗子同煨，取其黄白相配，名曰金玉羹。加糖食，亦甘亦腴。见《山家清供》，以其为古法也，存之。

【译文】

将山药、栗子一起煮，因为它们的颜色正好一黄一白，取个好名头，叫作金玉羹。再加上糖食用，非常丰腴甜美。《山家清供》就有过记载，因为这是古法，所以记下来加进书里。

咸落花生

落花生，剥去粗皮，以盐水煨之。火候愈久愈佳，颇鲜美，以佐茶食甚佳也。

【译文】

剥掉花生外面的壳，用盐水熬煮，煨的时间越长越好，十分新鲜美味，可用来作茶点，吃起来非常不错。

煮落花生

落花生，入水煮半熟，去内皮，倾去原煮之水，换水煨极烂，加糖并微搭芡食，味绝似鲜莲子，甚清永也。法舟上人遗法。

【译文】

将花生倒进水里煮到半熟后捞出，再去掉花生的内皮，将煮过的水倒掉，换新水熬煮到非常熟烂，加上糖且稍放一点芡勾兑食用，味道太像新鲜的莲子了，特别清鲜隽永。这是法舟上人留下的做法。

枣　饛

大枣煮熟，去皮核，搓碎，装入碗内。实以澄沙，或扁豆，或薏米，或去皮核桃仁，加糖蒸透，翻碗，枣上再覆以糖，甚为甘美。实山药饛又别一风味也。此亦法舟上人造法。

【译文】

大枣煮熟以后去掉外皮、核，揉碎后装在碗里，再将过滤后的细豆沙，去皮后的核桃仁或薏米或扁豆，加糖蒸得熟透，倒进装着碎枣的碗里，然后把碗翻过来，枣上再撒上糖，十分甘甜纯美。对比着山药饛，真是另外一种风味。这也是法舟上人的制作方法。

罗汉菜

菜蔬瓜藤之类，与豆腐、豆腐皮、面筋、粉条等，俱以香油炸过，加汤一锅同闷。甚有山家风味。太乙[①]诸寺，恒用此法。鲜于枢[②]有句云："童炒罗汉菜"，其名盖已古矣。

【注释】

① 太乙：太乙，位于陕西郿县南，又叫太白山。

② 鲜于枢：元代著名书法家、诗人。

【译文】

将蔬菜瓜藤，还有豆腐、豆腐皮、面筋、粉条等，都用香油炸完以后，加上汤汁一起焖在锅里。特别有山野人家的饮食风味，相传太白山上的所有寺庙，经常会使用这样的制作手法。鲜于枢有“童炒罗汉菜”诗句，可见“罗汉菜”这道菜历史悠久。

菜 羹

菜之新摘者，不拘苋、芹、菘、菠菱之类，洗净，切碎，同煨极烂，风味绝佳。此曾文正公遗法也。

【译文】

新采摘的菜，苋菜、芹菜、白菜、菠菜等都可以，将它们洗净后切成碎末，一同熬煮到特别烂糊，风味好极了。这是曾国藩留下来的制作方法。

果 羹

莲子浸软，去皮心如前法。白扁豆浸软去皮，薏米浸软。同实碗中作三角形，不要太满。再加糖与开水，少加糖渍黄木樨或糖渍玫瑰，入笼蒸极烂。翻碗。以糖和芡浇之，甚甘美。此京师回回元兴堂作法。其余食肆皆有之，庖人皆为之，俱以水煮熟加糖食之后，全失脓腴馥芬之致矣。

【译文】

将莲子泡软，用前面所述的方法去掉皮和心。白扁豆也泡软后去皮，薏米泡软。将三种食材一同放在碗里做成三角形，不要装得太满。再加入糖和开水，再加少许的糖渍黄木樨或糖渍玫瑰，最后放进笼屉蒸到特别熟烂。将碗翻过来，淋上糖和芡粉，十分甘甜纯美。这里讲的是京师回回族“元兴堂”的做法。其他饭店也有果羹这道菜，大多数厨师都做这道菜，基本上都是用水煮熟以后加糖来食用的，完全丧失了它醇厚浓郁芳香的味道。

罐　头

罐头食物，殊不新鲜，然可备不时之需，如冬笋、摩菇、豌豆、栗子、胡瓜、菱角之类。菜乏时，亦可采用，故附记。

【译文】

罐头这种食品，很不新鲜。说它不新鲜并不是不能食用，食品匮乏时还是可以用，如冬笋、蘑菇、豌豆、栗子、胡瓜、菱角之类，缺少时，就拿罐头食用。所以同时记录。

附录

古代素食的发展

青铜鬲

起初，素食主义的形成阶段是从夏商周到汉代。当时，由于生产力低下，大多数人都是事实层面上的素食者，但这种素食是被迫的、非主动的，当时只有贵族阶层才能吃上肉。因此，《左传·庄公十年》中曹刿所说的“肉食者”也指代统治阶级。

秦始皇二十六年诏书铁权

1986年河南省宝丰县出土。收藏于河南博物院。虽然当时还没有主动要求吃素的人，但不难看出自觉吃素的种子自古就种下了。先秦礼制就明确规定了各个特定时期的素食要求。

西周长子鼎

根据《周礼·天官冢宰·官正》中的记载，“膳夫掌王之食饮膳羞……大丧，则不举。大荒，则不举。大札，则不举。天地有灾，则不举。邦有大故，则不举。”不光是父母去世，在天下有大灾荒时，即便是贵为天子也要戒肉食素。

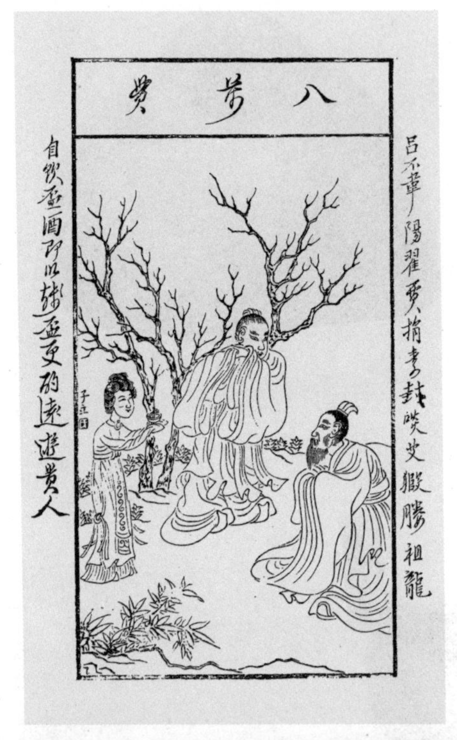

吕不韦像

选自《博古叶子》清刻本　（明）陈洪绶

吕不韦，战国时期卫国人。著有《吕氏春秋》。早在先秦，道家学派就出现了“贵生”思想。不仅要“齐万物”，还要“全性保真”。《吕氏春秋·本生》中说：“人之性寿，物者扣之，故不得寿。”

梁武帝像

选自《历代帝王后像》轴　佚名　收藏于中国台北“故宫博物院”

梁武帝时期，号召天下佛门“断肉禁酒”，以王法兴佛法。

▶《青牛老子图》

（宋）佚名　收藏于中国台北“故宫博物院”

到了中古，本来追求长寿的“贵生”走向极端，开始追求长生不老的“永生”。这些方士提倡“服饵”。“服饵”以“辟谷”为核心，不仅“戒酒肉”“忌五辛”，甚至“戒五谷”，只能吃坚果、水果、蔬菜等纯素食。

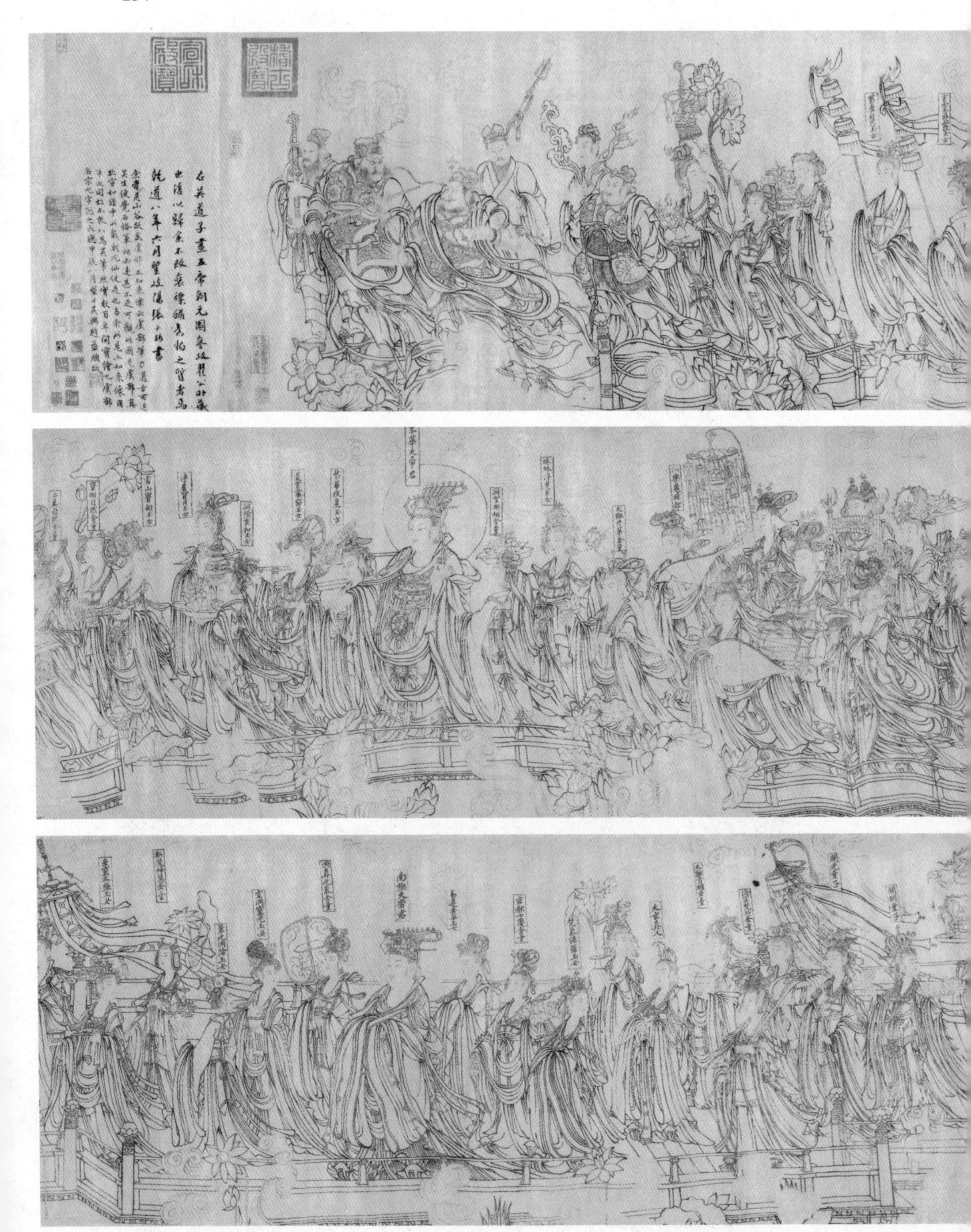

《朝元仙仗图》
（宋）武宗元

晋的《神仙传》中所讲述的神仙饮食，全都是只有坚果、水果、蔬菜的纯素食：张玉兰“幼而洁素，不茹荤血”、鲁妙典“不食荤饮酒”、李清“布衣蔬食”……

随着东西之间的僧侣往来，佛教逐渐成为素食主义的主力军。实际上，佛家是允许信徒食用三净肉的。根据《十颂律》对三净肉的记载：“我听�三种净肉。何等三？若眼不见、耳不闻、心不疑。”这其实暗合了儒家的“见其生不忍见其死，闻其声不忍食其肉”。

《白马驮经图》(局部)
(明)丁云鹏　收藏于
中国台北“故宫博物院”

地藏王菩薩

普賢菩薩

觀音菩薩

释迦牟尼与四大菩萨

选自《中国民间神谱》　收藏于美国哥伦比亚大学图书馆

根据《涅槃经》其中的记载："食肉断大慈种"。虽然有典籍要求素食，但在早期并非所有信徒都遵从。

释迦牟尼与四大菩萨

选自《潍坊民间孤本年画》

唐代时期佛教兴盛，素食盛行。“药王”孙思邈《千金要方》卷二十七中提出“善养性者，常须少食肉，多食饭”的饮食观点。不仅信教和多年吃素的人很多，而且对这种饮食和食疗的研究也很多。

《雍正帝祭先农坛图》上卷

（清）佚名　收藏于北京故宫博物院

《左传》中就有“国之大事，在祀与戎”的说法。举行祭祀活动时皇帝必须洁身净食。祭祀前，最重要的是斋戒，以体现祭祀对象的重要，所以更要求吃素。

《寿老仙童图》

（清）佚名　收藏于美国纽约大都会艺术博物馆

除了食疗，养生理念在中国也有所发展。《吕氏春秋·节丧》中说："知生也者，不以害生，养生之谓也。"

河图》（局部）

张择端　收藏于北京故宫博物院

老所著《东京梦华录》载，较大规模的素食馆在宋时已经出现了。当时的大饭店
分茶”，其中就有专门的“素分茶”提供各种素食，如同寺庙里的斋食一样。

《清明_

（北宋）

根据孟元

被称为

《清明易简图》

（宋）张择端\原作　此为明人摹本　收藏于中国台北“故宫博物院”

市场经济的繁荣也增加了素食的种类。宋时甚至还出现了能够以假乱真的仿荤菜。根据当时的《山家清供》记载：“瓠与麸薄切，各和以料煎。麸以油浸煎，瓠以肉脂煎。加葱、椒、油、酒共炒。瓠与麸不惟如肉，其味亦无辨者。”

《仿宋院本金陵图》卷（局部）

（清）杨大章　收藏于中国台北“故宫博物院”

除了市井中素食主义的发展，人们的态度也发生了变化。相较于追求长生不老，更多人通过素食转向养生，回归“贵生”的本质。

《清院本清明上河图》（局部）

（清）陈枚　收藏于中国台北“故宫博物院”

吴自牧所著《梦粱录·面食店》载：“又有专卖素食分茶，不误斋戒。如头羹、双峰、三峰、四峰、到底签、蒸果子、鳖蒸羊、大段果子、鱼油炸、鱼茧儿、三鲜、夺真鸡、元鱼、元羊蹄、梅鱼、两熟鱼、炸油河鲀、大片腰子、鼎煮羊麸、乳水龙麸、笋辣羹、杂辣羹、白鱼辣羹饭。”

陆游像

选自《古圣贤像传略》清刊本　（清）顾沅＼辑录，（清）孔莲卿＼绘

宋代著名诗人陆游在《杂感》中说："肉食养老人，古虽有是说，修身以待终，何至陷饕餮。晨烹山蔬美，午漱石泉洁，岂役七尺躯，事此肤寸舌。"充分说明他不赞成"肉食养老人"的古语，而愿意"烹山蔬""漱石泉"，强调修身养性，不贪食，以清淡的素食作为养生的好方法。

宋代炊女浮雕

陆游还曾作《素饭》："放翁年来不肉食，盘箸未免犹豪奢。松桂软炊玉粒饭，醯酱自调银色茄。时招林下二三子，气压城中千百家。缓步横摩五经笥，风炉更试茶山茶。"从这首《素饭》中，可以看出陆游并没有享受山珍海味，而是怀念精致、简朴的素食生活，细细品味人生的超脱与自由。

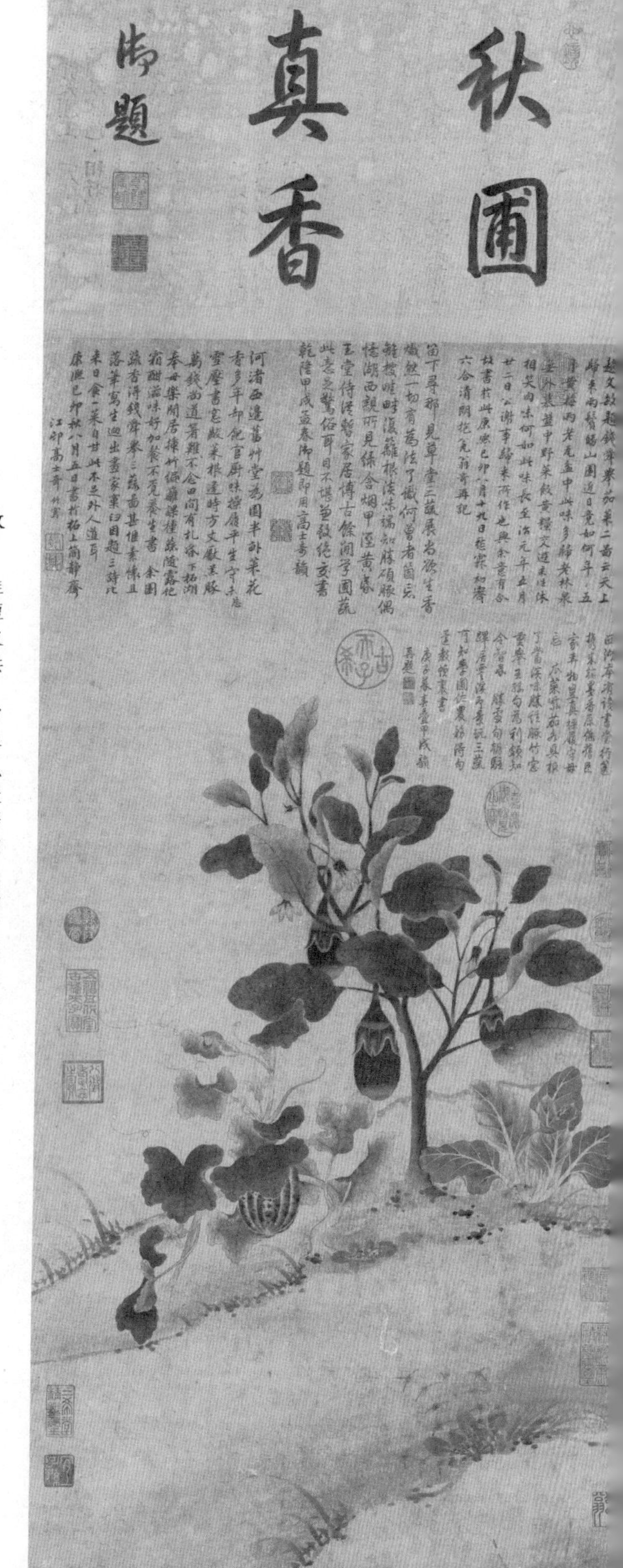

《三蔬图》

（宋）钱选　收藏于中国台北“故宫博物院”

陆游在《菜羹》中说：“青菘绿韭古嘉蔬，莼丝菰白名三吴。台心短黄奉天厨，熊蹯驼峰美不如。老农手自辟幽圃，土如膏肪水如乳。供家赖此不外取，袯襫宁辞走烟雨。鸡豚下箸不可常，况复妄想太官羊。地炉篝火煮菜香，舌端未享鼻先尝。”意思是说，翠绿的大白菜、韭菜都是好蔬菜，莼菜、茭白等美味的蔬菜，是苏州、常州、湖州等地的特产。世人所喜爱的熊掌、驼峰之类的美食，远不如这些苔菜、矮黄之类的美食，简直是上天所赐的佳肴！自己开辟一处幽园，种自己喜欢的东西，自给自足，自得其乐。我再也不用为吃菜而辛苦了。亲手制作的菜肴在炉子里烹制，香气四溢，真是妙不可言。吃着自己种的新鲜时令蔬菜，哪里还想吃让人肥胖的肉呢？

陆游在《鉏菜》里讲道：“江吴霜雪薄，终岁富嘉蔬。菘韭常相续，莴蔓亦有余。家贫阙粱肉，身病忌鼋鱼。幸有荒畦在，何妨日荷锄。”由此可见，三吴大地的蔬菜之美，足以使人自食并乐在其中。陆游认为，肉食不宜常吃，吃多了有损身体健康。

陆游所作《种菜》：“菜把青青间药苗，豉香盐白自烹调。须臾彻案呼茶碗，盘箸何曾觉寂寥？”种植各种蔬菜和能食用的药苗，加入豆豉，精心烹制。不仅美味可口，而且制作过程中也是乐趣无穷。

朝回中使傳宣命
父子同班侍宴榮
酒捧倪觴祈景福
樂聞漢殿動驩聲
寶瓶梅蘂千枝綻
玉柵華燈萬盞明
人道催詩須待雨
片雲閣雨果詩成

《华灯侍宴图》

（宋）马远　收藏于中国台北“故宫博物院”

到了宋代，素食似乎不再是百姓不得已的选择，而成为人们最喜爱的饮食方式之一。无论是汴京，还是杭州，都有专门经营素食的店铺。宋代吴自牧的《梦粱录》记载，汴京的素菜有数百种。林洪的《山家清供》《茹草纪事》和陈达叟的《本心斋蔬食谱》等都是关于素食的重要著作。元代胡思惠的《饮膳正要》对素食的烹调、种类、原料等也进行了十分深入的讨论。

纪晓岚像

佚名

到了清代，“辟谷饵食能不老不死”这种荒谬而极端的素食主义，已经没有人相信。纪晓岚在《阅微草堂笔记》中批判了这种行为：“方士所饵，不过草木金石，草木不能不朽腐，金石不能不消化，彼且不能自存，而谓借其余气，反长存乎？”袁枚的《随园食单》是这一时期著名的素食著作，收录了数百种素菜菜谱。薛宝臣信仰佛教，对素食持绝对支持的态度。他甚至认为肉食者是愚民，凡是品德高尚、淡泊志向的人都是素食者。

《耕获图》

（宋）李唐　收藏于北京故宫博物院

从宋代开始，中国古代素食进入了近古阶段。随着生产力和经济水平的不断提高，连普通人也开始有机会吃到肉了。有了选择的自由，自然有了各种需求。于是，面向大众的素食店也应运而生。

《清明上河图》（局部）

（明）仇英　收藏于中国台北“故宫博物院”

明清时期，素食进一步发展，寺院素食、宫廷素食、民间素食三大系列门类齐全、风格各异。宫廷素菜讲究精致奢华。清宫御膳房设有专门的素菜局，可制作两百多种素菜；寺院素菜则非常考究，还有佛菜、释菜、福菜等美号；民间也有著名的素食馆，广受群众欢迎。明清时期的著作有两百多种，从素食与养生的关系出发，提倡少荤多素。明代诗人顾禄曾作诗称：“绿蔬桑下淡烟拖，嫩甲连胜雨又过；试把菜根来大嚼，须知真味此中多。”他认为素食可以使人变得头脑清醒，心灵能够回归自然，追求超越慈悲和健康的另一种境界。

《诗经》中的素食

在《诗经》所反映的时代，肉类和粮食极度匮乏，当时的人民尤其是底层百姓不得不依赖野菜蔬果来弥补日常口粮的不足。

▶ 荇菜
选自《诗经名物图解》 ［日］细井徇 收藏于日本东京国立国会图书馆

《周南·关雎》

关关雎鸠，在河之洲。窈窕淑女，君子好逑。
参差荇菜，左右流之。窈窕淑女，寤寐求之。
求之不得，寤寐思服。悠哉悠哉，辗转反侧。
参差荇菜，左右采之。窈窕淑女，琴瑟友之。
参差荇菜，左右芼之。窈窕淑女，钟鼓乐之。

荇菜 アサヽ

卷耳　芣苢
选自《诗经名物图解》［日］细井徇　收藏于日本东京国立国会图书馆

《周南·卷耳》

采采卷耳，不盈顷筐。嗟我怀人，寘彼周行。
陟彼崔嵬，我马虺隤。我姑酌彼金罍，维以不永怀。
陟彼高冈，我马玄黄。我姑酌彼兕觥，维以不永伤。
陟彼砠矣，我马瘏矣。我仆痡矣，云何吁矣。

《周南·芣苢》

采采芣苢，薄言采之。采采芣苢，薄言有之。
采采芣苢，薄言掇之。采采芣苢，薄言捋之。
采采芣苢，薄言袺之。采采芣苢，薄言襭之。

蕨、薇

选自《诗经名物图解》［日］细井徇　收藏于日本东京国立国会图书馆

《召南·草虫》

喓喓草虫，趯趯阜螽。未见君子，忧心忡忡。亦既见止，亦既觏止，我心则降。
陟彼南山，言采其蕨。未见君子，忧心惙惙。亦既见止，亦既觏止，我心则说。
陟彼南山，言采其薇。未见君子，我心伤悲。亦既见止，亦既觏止，我心则夷。

《小雅·采薇》

采薇采薇，薇亦作止。曰归曰归，岁亦莫止。
靡室靡家，猃狁之故。不遑启居，猃狁之故。
采薇采薇，薇亦柔止。曰归曰归，心亦忧止。
忧心烈烈，载饥载渴。我戍未定，靡使归聘。
采薇采薇，薇亦刚止。曰归曰归，岁亦阳止。
王事靡盬，不遑启处。忧心孔疚，我行不来。
彼尔维何？维常之华。彼路斯何？君子之车。
戎车既驾，四牡业业。岂敢定居？一月三捷。
驾彼四牡，四牡骙骙。君子所依，小人所腓。
四牡翼翼，象弭鱼服。岂不日戒，猃狁孔棘。
昔我往矣，杨柳依依。今我来思，雨雪霏霏。
行道迟迟，载渴载饥。我心伤悲，莫知我哀！

《采薇图》卷

（宋）李唐　收藏于美国弗利尔美术馆

《史记》载：伯夷、叔齐，孤竹君之二子也。父欲立叔齐，及父卒，叔齐让伯夷。伯夷曰："父命也。"遂逃去。叔齐亦不肯立而逃之。国人立其中子。于是伯夷、叔齐闻西伯昌善养老，盍往归焉。及至，西伯卒，武王载木主，号为文王，东伐纣。伯夷、叔齐叩马而谏曰："父死不葬，爰及干戈，可谓孝乎？以臣弑君，可谓仁乎？"左右欲兵之。太公曰："此义人也。"扶而去之。武王已平殷乱，天下宗周，而伯夷、叔齐耻之，义不食周粟，隐于首阳山，采薇而食之。及饿且死，作歌。其辞曰："登彼西山兮，采其薇矣。以暴易暴兮，不知其非矣。神农、虞、夏忽焉没兮，我安适归矣？于嗟徂兮，命之衰矣！"遂饿死于首阳山。

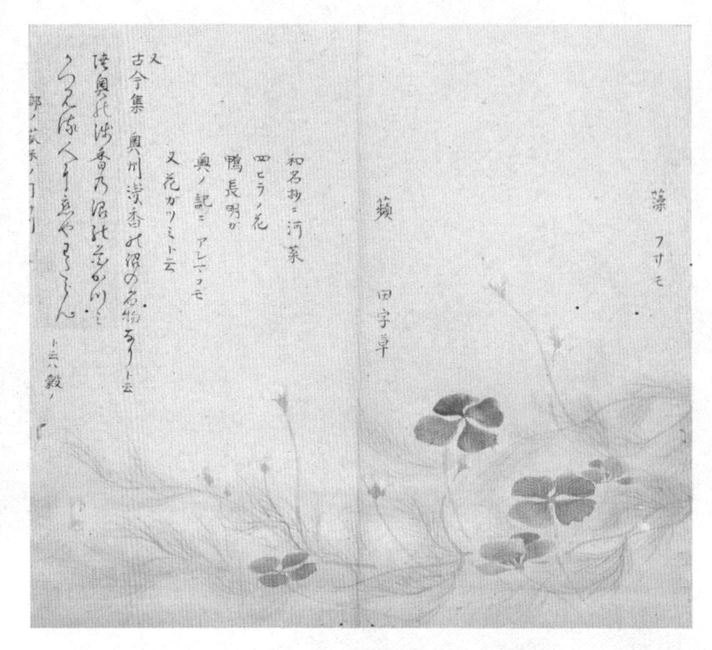

蘋、藻

选自《诗经名物图解》
[日]细井徇　收藏于日本东京国立国会图书馆

《召南·采蘋》

于以采蘋？南涧之滨。
于以采藻？于彼行潦。
于以盛之？维筐及筥。
于以湘之？维锜及釜。
于以奠之？宗室牖下。
谁其尸之？有齐季女。

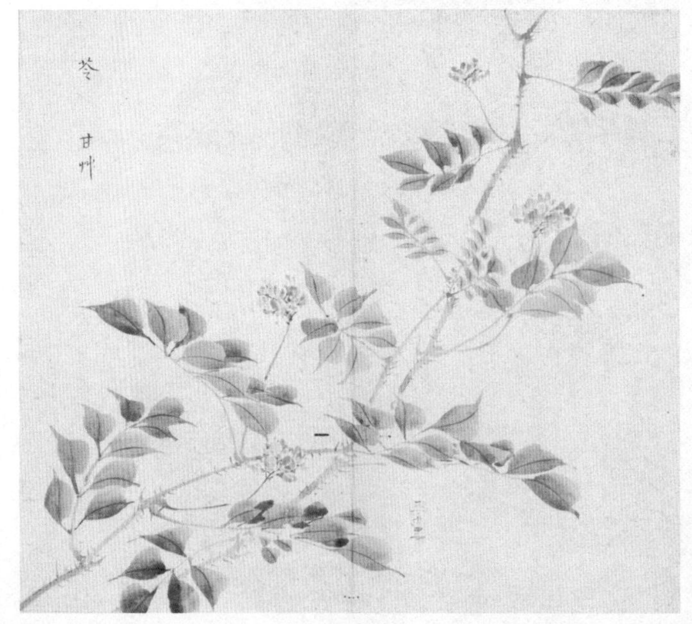

苓

选自《诗经名物图解》
[日]细井徇　收藏于日本东京国立国会图书馆

《邶风·简兮》

简兮简兮，方将万舞。
日之方中，在前上处。
硕人俣俣，公庭万舞。
有力如虎，执辔如组。
左手执籥，右手秉翟。
赫如渥赭，公言锡爵。
山有榛，隰有苓。
云谁之思？西方美人。
彼美人兮，西方之人兮。

荠
选自《诗经名物图解》
[日]细井徇　收藏于日本东京国立国会图书馆

《邶风·谷风》

习习谷风，以阴以雨。
黾勉同心，不宜有怒。
采葑采菲，无以下体？
德音莫违，及尔同死。
行道迟迟，中心有违。
不远伊迩，薄送我畿。
谁谓荼苦？其甘如荠。
宴尔新昏，如兄如弟。
泾以渭浊，湜湜其沚。
宴尔新昏，不我屑以。
毋逝我梁，毋发我笱。
我躬不阅，遑恤我后！
就其深矣，方之舟之。
就其浅矣，泳之游之。
何有何亡，黾勉求之。
凡民有丧，匍匐救之。
不我能慉，反以我为雠。
既阻我德，贾用不售。
昔育恐育鞫，及尔颠覆。
既生既育，比予于毒。
我有旨蓄，亦以御冬。
宴尔新昏，以我御穷。
有洸有溃，既诒我肄。
不念昔者，伊余来塈。

芄兰
选自《诗经名物图解》
[日]细井徇　收藏于日本东京国立国会图书馆

《卫风·芄兰》

芄兰之支，童子佩觿。
虽则佩觿，能不我知。
容兮遂兮，垂带悸兮。
芄兰之叶，童子佩韘。
虽则佩韘，能不我甲。
容兮遂兮，垂带悸兮。

谖草
选自《诗经名物图解》［日］细井徇　收藏于日本东京国立国会图书馆

《卫风·伯兮》

伯兮朅兮，邦之桀兮。伯也执殳，为王前驱。
自伯之东，首如飞蓬。岂无膏沐，谁适为容？
其雨其雨，杲杲出日。愿言思伯，甘心首疾。
焉得谖草，言树之背。愿言思伯，使我心痗。

蓷、莫

选自《诗经名物图解》 ［日］细井徇 收藏于日本东京国立国会图书馆

《王风·中谷有蓷》

中谷有蓷，暵其乾矣。
有女仳离，嘅其叹矣。
嘅其叹矣，遇人之艰难矣！
中谷有蓷，暵其脩矣。
有女仳离，条其啸矣。
条其啸矣，遇人之不淑矣！
中谷有蓷，暵其湿矣。
有女仳离，啜其泣矣。
啜其泣矣，何嗟及矣！

《魏风·汾沮洳》

彼汾沮洳，言采其莫。
彼其之子，美无度。
美无度，殊异乎公路。
彼汾一方，言采其桑。
彼其之子，美如英。
美如英，殊异乎公行。
彼汾一曲，言采其藚。
彼其之子，美如玉。
美如玉，殊异乎公族。

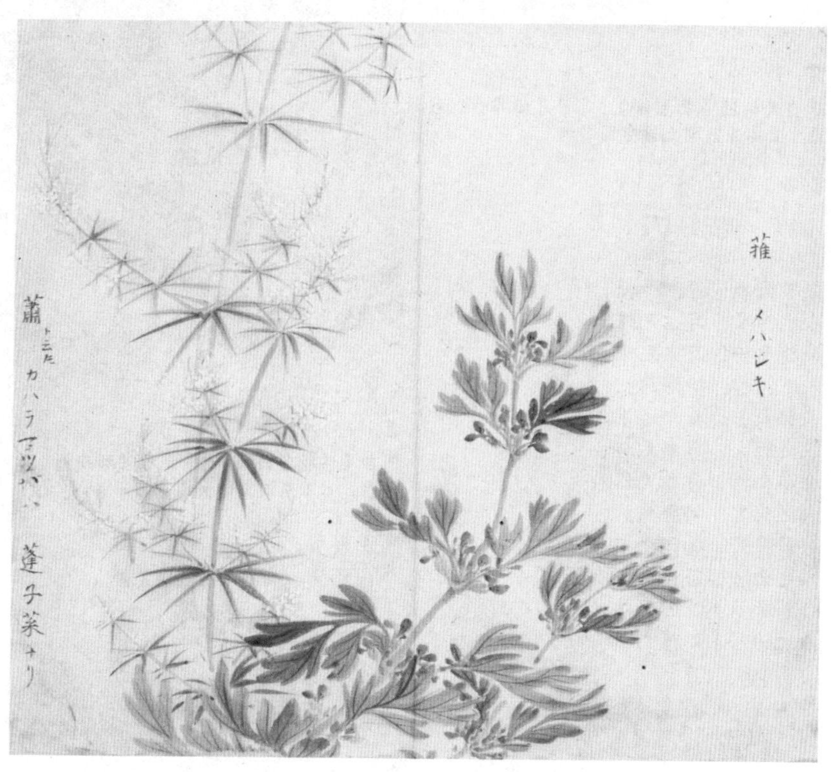

苦、葑

选自《诗经名物图解》［日］细井徇　收藏于日本东京国立国会图书馆

《唐风·采苓》

采苓采苓，首阳之巅。
人之为言，苟亦无信。
舍旃舍旃，苟亦无然。
人之为言，胡得焉？
采苦采苦，首阳之下。
人之为言，苟亦无与。
舍旃舍旃，苟亦无然。
人之为言，胡得焉？
采葑采葑，首阳之东。
人之为言，苟亦无从。
舍旃舍旃，苟亦无然。
人之为言，胡得焉？

苕

选自《诗经名物图解》［日］细井徇　收藏于日本东京国立国会图书馆

《陈风·防有鹊巢》

防有鹊巢，邛有旨苕。
谁侜予美？心焉忉忉。
中唐有甓，邛有旨鷊。
谁侜予美？心焉惕惕。

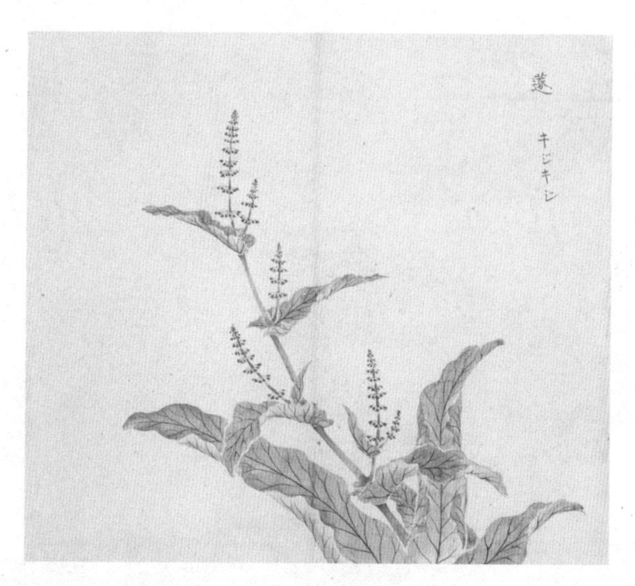

蓫

选自《诗经名物图解》 [日]细井徇 收藏于日本东京国立国会图书馆

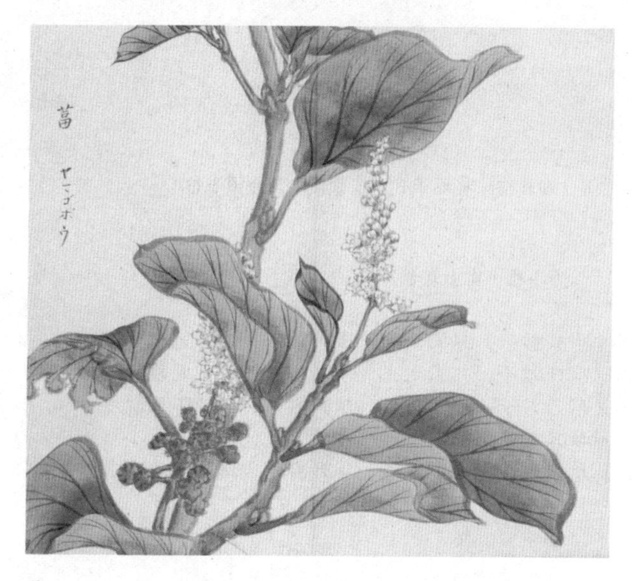

葍

选自《诗经名物图解》 [日]细井徇 收藏于日本东京国立国会图书馆

《小雅·我行其野》

我行其野，蔽芾其樗。
昏姻之故，言就尔居。
尔不我畜，复我邦家。
我行其野，言采其蓫。
昏姻之故，言就尔宿。
尔不我畜，言归斯复。
我行其野，言采其葍。
不思旧姻，求尔新特。
成不以富，亦祇以异。

莱

选自《诗经名物图解》［日］细井徇　收藏于日本东京国立国会图书馆

《小雅·南山有台》

南山有台，北山有莱。乐只君子，邦家之基。乐只君子，万寿无期。
南山有桑，北山有杨。乐只君子，邦家之光。乐只君子，万寿无疆。
南山有杞，北山有李。乐只君子，民之父母。乐只君子，德音不已。
南山有栲，北山有杻。乐只君子，遐不眉寿。乐只君子，德音是茂。
南山有枸，北山有楰。乐只君子，遐不黄耇。乐只君子，保艾尔后。

莱

选自《诗经名物图解》［日］细井徇　收藏于日本东京国立国会图书馆

《大雅·绵》

绵绵瓜瓞。民之初生，自土沮漆。古公亶父，陶复陶穴，未有家室。
古公亶父，来朝走马，率西水浒，至于岐下。爰及姜女，聿来胥宇。
周原膴膴，堇荼如饴。爰始爰谋，爰契我龟，曰止曰时，筑室于兹。
乃慰乃止，乃左乃右，乃疆乃理，乃宣乃亩。自西徂东，周爰执事。
乃召司空，乃召司徒，俾立室家。其绳则直，缩版以载，作庙翼翼。
捄之陾陾，度之薨薨，筑之登登，削屡冯冯。百堵皆兴，鼛鼓弗胜。
乃立皋门，皋门有伉。乃立应门，应门将将。乃立冢土，戎丑攸行。
肆不殄厥愠，亦不陨厥问。柞棫拔矣，行道兑矣。混夷駾矣，维其喙矣。
虞芮质厥成，文王蹶厥生。予曰有疏附，予曰有先后，予曰有奔奏，予曰有御侮。

桑

选自《诗经名物图解》［日］细井徇　收藏于日本东京国立国会图书馆

《卫风·氓》

氓之蚩蚩，抱布贸丝。匪来贸丝，来即我谋。送子涉淇，至于顿丘。匪我愆期，子无良媒。将子无怒，秋以为期。
乘彼垝垣，以望复关。不见复关，泣涕涟涟。既见复关，载笑载言。尔卜尔筮，体无咎言。以尔车来，以我贿迁。（尔一作：尔）
桑之未落，其叶沃若。于嗟鸠兮，无食桑葚！于嗟女兮，无与士耽！士之耽兮，犹可说也。女之耽兮，不可说也。
桑之落矣，其黄而陨。自我徂尔，三岁食贫。淇水汤汤，渐车帷裳。女也不爽，士贰其行。士也周极，二三其德。
三岁为妇，靡室劳矣。夙兴夜寐，靡有朝矣。言既遂矣，至于暴矣。兄弟不知，咥其笑矣。静言思之，躬自悼矣。
及尔偕老，老使我怨。淇则有岸，隰则有泮。总角之宴，言笑晏晏。信誓旦旦，不思其反。反是不思，亦已焉哉！

梅

选自《诗经名物图解》[日]细井徇　收藏于日本东京国立国会图书馆

《召南·摽有梅》

摽有梅，其实七兮。
求我庶士，迨其吉兮。
摽有梅，其实三兮。
求我庶士，迨其今兮。
摽有梅，顷筐塈之。
求我庶士，迨其谓之。

莱

选自《诗经名物图解》[日]细井徇　收藏于日本东京国立国会图书馆

《小雅·南山有台》

南山有台，北山有莱。
乐只君子，邦家之基。
乐只君子，万寿无期。
南山有桑，北山有杨。
乐只君子，邦家之光。
乐只君子，万寿无疆。
南山有杞，北山有李。
乐只君子，民之父母。
乐只君子，德音不已。
南山有栲，北山有杻。
乐只君子，遐不眉寿。
乐只君子，德音是茂。
南山有枸，北山有楰。
乐只君子，遐不黄耇。
乐只君子，保艾尔后。

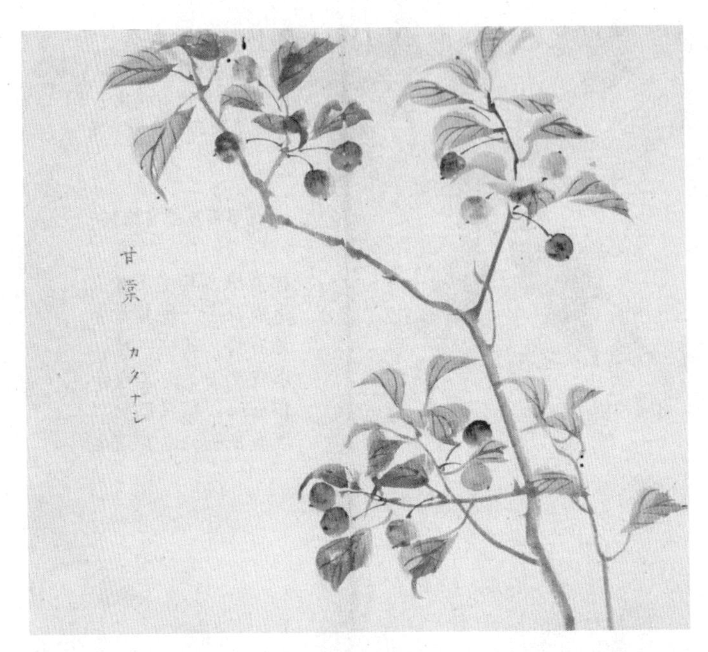

甘棠
选自《诗经名物图解》
[日]细井徇　收藏于日本东京国立国会图书馆

《召南·甘棠》

蔽芾甘棠，勿翦勿伐，
召伯所茇。
蔽芾甘棠，勿翦勿败，
召伯所憩。
蔽芾甘棠，勿翦勿拜，
召伯所说。

棘
选自《诗经名物图解》
[日]细井徇　收藏于日本东京国立国会图书馆

《小雅·湛露》

湛湛露斯，匪阳不晞。
厌厌夜饮，不醉无归。
湛湛露斯，在彼丰草。
厌厌夜饮，在宗载考。
湛湛露斯，在彼杞棘。
显允君子，莫不令德。
其桐其椅，其实离离。
岂弟君子，莫不令仪。